基于种子萌发理论的
建筑业农民工培训系统研究

柯燕燕　著

中国农业出版社
北　京

图书在版编目（CIP）数据

基于种子萌发理论的建筑业农民工培训系统研究/
柯燕燕著 .—北京：中国农业出版社，2023.11
ISBN 978-7-109-31594-5

Ⅰ.①基… Ⅱ.①柯… Ⅲ.①建筑工程－技术培训－
研究 Ⅳ.①TU

中国国家版本馆 CIP 数据核字（2023）第 234728 号

中国农业出版社出版
地址：北京市朝阳区麦子店街 18 号楼
邮编：100125
责任编辑：陈　瑨
版式设计：王　晨　　责任校对：吴丽婷
印刷：北京中兴印刷有限公司
版次：2023 年 11 月第 1 版
印次：2023 年 11 月北京第 1 次印刷
发行：新华书店北京发行所
开本：700mm×1000mm　1/16
印张：10.5
字数：200 千字
定价：68.00 元

我国建筑业转型升级和建筑产业现代化对建筑工人的知识技能、文化素养和创新能力等提出了新的更高的要求，客观上需要将作为我国建筑工人主力军的5 232余万名农民工持续有序地转化为高素质、高技能的建筑产业工人。而作为人力资本提升的重要手段，系统化培训无疑是实现我国建筑业农民工向产业工人转化的关键路径。当前，我国建筑业领域并未形成建筑业农民工系统化培训的观念意识和制度。尽管近年来国家日益重视建筑业农民工培训问题，但因政出多门、条块分割、缺乏顶层规划和系统构建，致使培训流于形式，培训效果欠佳，严重制约着我国建筑产业工人队伍建设和传统建筑业的现代发展。

建筑业农民工培训并不局限于传统的职业化培训，也不是一项孤立的工作，在更深层次上还涉及市民化培训，是一项复杂的系统工程，因而需要借助更为科学系统的理论和方法作为指导。为此，本文引入种子萌发理论来构建培训系统影响因素体系，揭示建筑业农民工系统化培训的内在规律，构建以萌发为核心运动特征的、具有动态性的动力系统整体结构，进而研究培训系统的运行和应用，并借助扎根理论行为事件访谈、质性研究、结构方程模型、二元 Logistic 模型、胜任力模型、柯氏模式等分析方法，寻求合理的系统构建和实践应用以调动相关利益主体积极推动建筑业农民工参与系统化培训。

第一，进行概念界定与理论基础介绍。基于"建筑业农民工系统化培训实质上是职业化培训和市民化培训"这一论断就相关概念和理论基础进行全面梳理，以寻求必要的理论资源和创作空间。本文界定了建筑业农民工、建筑产业工人、建筑业农民工向产业工人转化、系统化培训等核心概念，阐释种子萌发理论、扎根理论、人力资本理论、胜任力理论、学习型组织理论等，构建种子萌发理论视角下建筑业农民工培训理论框架。

第二，建筑业农民工向产业工人转化培训影响因素体系构建。建筑业农民工向产业工人转化培训系统是一个有机整体，涉及建筑业农民工、建筑企业、建筑行业、培训机构、政府及社会力量各层级、各参与方的利益诉求。引入扎根理论，综合采用文献梳理、实证调查和专家访谈等研究方法，运用数据编码将资料进行分解、概念化并重新组合，借助 QSR NVivo10 软件进行开放编码、轴心编码、选择编码分析，根据质性分析结果提炼建筑业农民工系统化培训影响因素，回答"系统为什么这么构建"的问题。

第三，建筑业农民工向产业工人转化培训系统构建。基于建筑业农民工向产业工人转化培训的内在规律，在种子萌发视角下，构建以萌发为核心特征的具有动态性的动力系统整体结构，即建筑业农民工向产业工人转化培训系统，涵盖建筑业农民工培训系统要素、系统结构、系统功能，并在种子萌发视角下重新梳理建筑业农民工培训问题，归纳总结并找出系统问题症结，回答"系统是什么"的问题。

第四，建筑业农民工向产业工人转化培训系统运行机理研究。提出建筑业农民工培训系统运行机理的理论模型并加以验证，借助结构方程模型确定动力系统的潜在变量与观测变量，通过问卷调查充分收集数据，开展建筑业农民工培训系统运行机制和结构方程模型构建、变量的测量、信度和效度分析、模型假设检验、验证结果与分析等，回答"系统怎么运行"的问题。

第五，提升建筑业农民工向产业工人转化培训系统功能的对策研究。通过农民工内在模块、培训体系实施模块及外部环境模块的构建，回答"如何提升系统功能"的问题。其中，建筑业农民工内在模块主要采用二元 Logistic 模型分析农民工参与系统化培训的影响因素，培训体系实施模块主要借助胜任力模型及柯氏模式支撑整个实施模块架构，外部环境模块则主要运用学习组织理论分别对政府、建筑行业和建筑企业提出相应的意见。

本文提出了"基于种子萌发理论的建筑业农民工向产业工人转化培训系统"的命题，就建筑业农民工系统化培训因子体系进行质性研究，引入种子萌发理论构建了一套由"培训影响因素体系-培训系统构建-培训系统运行机理-培训系统要素功能提升"构成的动态的建筑业农民工培训系统，丰富了建筑业农民工系统化培训问题的研究方法。与此同时，本文也存在定量分析模型内生性或者遗漏变量、未充分考虑建筑业农民工系统化培训区域性差异，以及结构方程模型可直接量化观测变量较难提取等不足。

目 录
CONTENTS

1 | 绪　论

1.1　研究背景

1.1.1　建筑业农民工向产业工人转型是建筑产业现代化的必然选择

当前我国建筑业正处于实现由传统劳动密集型向建筑产业现代化转型的关键节点。建筑产业现代化是一种以科技进步为动力来源，以提高质效和竞争力为核心目标的新型建筑生产方式[1]，其主要优势体现在建筑工业化与信息化技术的深度融合，尤其表现在建筑信息模型技术在建筑工业化中的应用[2]。建筑产业现代化实现了建筑工业化与数字化的深度融合，对建筑一线工人的知识、技能、创新能力、文化素养等提出了更高的要求，这在客观上迫切需要一大批高素质、高技能的建筑产业工人队伍作为支撑。

然而，我国传统的建筑业是以农民工作为建筑工人的主力军。《2022 年农民工监测调查报告》显示，建筑业吸纳了农民工 5 232 万人（图 1.1），严重依

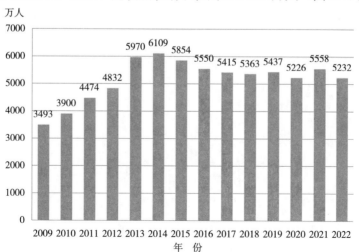

图 1.1　2009—2022 年我国建筑业农民工数量

赖体力劳动和传统技术技能，对于信息化技术的吸收和应用普遍较为落后。尽管有少数特大型建筑企业正在向以技术为主导的智力型发展方向迈进，但由于受传统劳动力密集型发展道路的特点所限，目前绝大多数建筑企业的技术化、专业化水平及建筑工程项目智力含量普遍偏低，难以实现建筑产业转型升级。根据木桶效应，破解建筑业人力资本存量低现状已成为我国建筑业转型升级的关键问题。为此，需要进一步思考的问题是如何提升建筑业农民工人力资本，从而实现建筑业农民工向产业工人转型，从而推动传统建筑业的现代发展。

1.1.2 重视建筑业农民工培训是顺应工业化发展规律的必然选择

人类社会发展的历史轨迹表明，社会生产力的进步、劳动生产率的提高经历了人力资本的累积由重体力向重智力发展的过程。工业化发展亦是如此，发达国家的工业化发展经验佐证了这一点。在工业化发展的不同阶段，对人力资本的需求不同。换言之，工业化发展不同阶段的人力资本投资特征不同。在工业化初期，大力提高基础教育，工业化中期大力发展中等教育和技能教育，工业化后期重视高等教育。我国建筑业正处于转型时期，对劳动力的需求类型也发生了转变，由单纯的体力型慢慢地向技能型、创新型转变，而市场上具有一定劳动技能的劳动力又供应不足，导致建筑工业化所需的技术工人已严重短缺，特别是高技能、新生代农民工越来越短缺。我国经济进入新常态后，行业结构升级随之加速，建筑企业对人力资本的需求，不仅仅是停留在量上的增长，而是转为质的需求。对于建筑业农民工人力资本的培训，可以解决我国人力资本市场出现总量过剩、结构短缺的困境[3]。综上所述，建筑业正处于工业化转型初期，必须顺应历史的发展规律，重视建筑业工人的基础教育，可通过培训等各种手段来改变建筑业人力资本水平低的现状。

1.1.3 系统化培训是实现我国建筑业农民工向产业工人转型的关键路径

（1）理论层面

根据美国经济学家舒尔茨的研究结果，建筑业农民工人力资本的提升需要通过投资才能形成，而培训是其中至为重要的一种投资形式。培训是破解建筑业农民工向产业工人转化过程中难以量化的概率问题的最直接、最有效方法。2022 年建筑业农民工群体高达 5 232 万人，建筑业农民工向产业工人转化不是确定的身份转化过程，而是具有一定概率特征的随机过程，并非所有的农民工都有可能转化为产业工人。人力资本理论、劳动经济学理论视角下的培训效应，为建筑业农民工向产业工人转化提供了理论依据。劳动经济学之所以重视培训工作，是因为培训可以带来人力资本累积。从生命周期来看人力资本的获取，可以看出接受在职培训越早，投资收益率越高。培训作为人力资本重要的投资形式，也存在边际成本上升的规律。以建筑业农民工为例，如图 1.2 所示，Q30、Q40 分别表示 30 岁、40 岁农民工接受的培训量，MR30 、MR40 分别表示 30 岁、40 岁农民工接受培训后产生的收益水平，MC 代表边际成本，由边际收益递减规律可知 MR30 高于 MR40，MC 与 MR 交叉点为最佳培训量。也就是说，从生命周期来看，每一个年龄段的农民工都有其最适合的培训量（MC 与 MR 交叉点），这一最佳培训量随着年龄的增加而递减。换言之，30 岁的建筑业农民工能接受的培训量远高于 40 岁农民工的培训量，而且 30 岁农民工进行培训的收入效应高于 40 岁农民工。因此，开展对建筑业农民工培训工作时，需分年龄、分阶段、分工种设置培训内容，更要注重提高新生代农民工的培训意愿和培训意识。

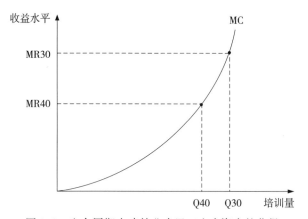

图 1.2 生命周期内建筑业农民工人力资本的获得

农民工向产业工人转化的特征之一是就业的稳定性增强。从劳动经济学角度看，培训所带来的就业效应正是通过人力资本的提高而实现失业率的下降。建筑业农民工人力资本存量低，长期以来农民工在建筑行业的就业形式以非正规性就业为主，大部分都是未签合同即工作，工作一完成即离开，流动性大也成为农民工向产业工人转化的一大掣肘。根据美国经济学家本·普拉斯的失业风险理论，个人人力资本存量的大小是决定其所面临的失业风险的主要因素。对于各个行业来说，人力资本存量较高的人，一般会受聘于具有发展前景、收入较稳定的企业，而且因其对新技术、新知识的接受能力较快、吸收转化能力较强，失业风险也随之降低。人力资本存量较低的就业者会长期面临失业风险。人力资本较低的个人由于一开始的就业风险较为显著，导致其在整个就业周期内经常处于人力资本需要"回炉再造"的状态，人力资本存量很难达到较高水平。农民工作为人力资本存量较低的群体，从另一个侧面说明了建筑行业就业门槛低。对农民工而言，以较低的人力资本进入建筑行业后，始终处于较高的失业风险状态。培训后农民工的人力资本提升，失业风险也将慢慢降低。因此，建筑业农民工在进入劳动力市场时，人力资本存量大小决定了农民工在整个就业生命周期中的就业状态。

建筑业农民工向产业工人转化是伴随着人力资本提升的概率性转化过程。农民工身份状态的转变，根本原因是人力资本的提升。农民工的人力资本越高，其转化为产业工人的可能性越大。人力资本的边际作用是通过曲线的斜率体现的，如图 1.3 所示。当人力资本由 0 向 H_0 变化时，曲线的斜率是逐渐加大的，说明在此期间人力资本的边际作用是逐步增大的。人力资本不断增大，意味着与之相对应的转化率也慢慢增加。然而，边际效益是递减的，亦即随着人力资本的不断增加，其增长的速度会变慢（如 $H_0 \rightarrow H^*$）。当人力资本到达一定值时，所对应的转化率接近 100%。亦即当农民工拥有足够多的人力资本存量后，其失业率接近于 0。

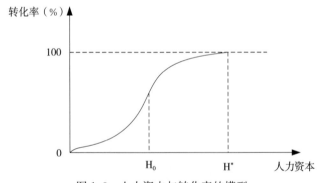

图 1.3 人力资本与转化率的模型

(2) 现实困境

建筑业农民工人力资本的提升取决于农民工的"先天"即受教育程度和"后天"即培训效果。根据 2004 年至 2016 年的《农民工监测调查报告》，农民工大专及以上占比变化虽然略有提升，但是平均受教育年限变化甚小且基本持平，如图 1.4 所示。由此可见，农民工人力资本低的问题很难依靠"先天"不足来解决，必须依靠持续有序的培训才能从根本上得以解决。鉴于此，本文提出必须通过系统化培训提高我国建筑业农民工人力资本，实现我国从数量型到质量型人口红利的转变，进而推进建筑业农民工向产业工人的转化，助力建筑业转型升级。

在新型建筑工业化时代，以标准化设计、工厂化生产、装配化施工、一体

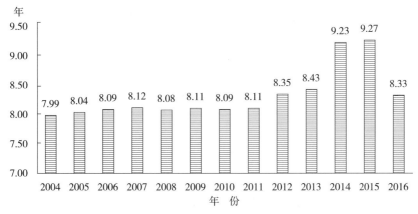

图 1.4 2004—2016 建筑业农民工平均受教育年限

化装修和数字化管理为主要特征的生产方式，充分利用数字化和工业化的手段，革新了传统建筑业固有的手工作业方式，与之相适应的工人技能要求也随之转变。以棒材钢筋成型为例，传统模式下的棒材钢筋操作需要用到 Φ25 钢筋图形，工人需先在剪切设备上剪切出所需长度，然后转运到弯曲设备上，再由 2 名工人抬着钢筋放到设备的加工位置，操作设备加工出所需图形，全程需 3～5 人协同操作 2 台设备，并通过中间转运，方能完成整个工作流程，从而加工出所需钢筋图形。而数控模式下的智能棒材钢筋加工，只需一台新型智能棒材钢筋加工设备就足以完成标准化、自动化的棒材钢筋剪切、弯曲加工等需求和流程（表 1.1）。在现实情境下，农民工技能要求发生转变，因此培训势在必行。

表 1.1 传统模式与数控模式下棒材钢筋成型对工人操作技能的要求对比

列项	传统模式	数控模式
操作程序	①盘条原料人工打尺划线 ②简易设备切断 ③人工二次打尺划线 ④人工弯曲成型	①工人数控操作 ②盘条原料 ③自动定尺切断 ④自动导料一次弯曲成型
工人技能要求	①简单培训 ②人工打尺 ③人工划线 ④人工弯曲	①工人需经数控加工设备操作专业培训 ②操作人员需熟练进行参数输入及参数调用 ③能够熟练做好施工配合 ④知悉实际操作中的注意事项 ⑤遇到设备故障或紧急情况时能及时处理

（续）

列项	传统模式	数控模式
操作人数	3～5 位工人配合	2 位工人配合
工人劳动强度	高	低
原材损耗	①钢筋下料尺寸、弯制形状偏差大 ②原材料损耗大	①钢筋下料尺寸、弯制形状准确 ②原材料损耗小
施工工效	①加工速度慢 ②产品不合格率高	①加工速度快 ②产品合格率高

（3）学说观点

理论界越来越多的研究者提出了建筑业农民工培训的重要性，以及适应新型建筑业工业化发展的迫切性。以"建筑业农民工培训"为主题词，经中国知网文献检索可视化研究机构及被引量排序分析，筛选出本领域代表性研究者关于培训的观点（表1.2）。研究表明，建筑业农民工的培训问题是研究农民工群体的重要课题，是在建筑业工业化、信息化背景下农民工社会素养、职业素养提升所面临的迫切问题。2015 年，重庆大学任宏教授在住房和城乡建设部课题"建筑业农民工向产业工人转化顶层设计研究"中提出，系统化培训是建筑业农民工向产业工人转化的关键路径之一。

表 1.2　代表性研究者对建筑业农民工培训的观点

代表性研究者/机构	主要观点
重庆大学课题组，2015	"建筑业农民工向产业工人转化顶层设计研究"课题主持人任宏教授提出：系统化培训是建筑业农民工向产业工人转化的关键路径之一
侯为民，2015	重视对农民工的培训，这是一项有益于国民经济发展、社会问题解决、行业发展和农民工自身提高的外溢性非常强的事业
国务院发展研究中心，2011	"促进城乡统筹发展，加快农民工市民化进程研究"课题组韩俊教授等提出：农民工培训是加快农民工市民化进程的重要路径，需以改进培训方式和发展职业教育为重点，不断提高农民工素质
国务院发展研究中心，2010	"我国农民工工作'十二五规划'发展纲要研究"课题组侯云春、韩俊教授等提出：加强农民工培训工作是解决农民工问题的重要内容，把农民工培训工作纳入国民经济和社会发展规划
乐云，2010	建筑业农民工的培训问题是转变珠三角经济发展方式所必须解决的难题之一
王德文、蔡昉、张国庆，2010	从培训视角看，简单培训、短期培训和正规培训对农民工流动性具有显著相关性
陈圆、任宏，2010	建立科学、完善、高效的劳工培训体系是推动建筑业可持续发展的必经之路

（续）

代表性研究者/机构	主要观点
韩俊，2007	应该不断完善劳动力培训，把开发人力资源作为国家发展长远大计
中国农民工问题研究总报告起草组，2006	农民工技能素质的高低，决定着农民工就业稳定性和收入水平。要重视农民工培训问题，应对培训市场供求两旺的形势
蔡昉，2005	对农民工进行培训是一项重要的事业，不仅对农民工群体具有重要意义，更是保持中国经济增长潜力的重要举措
刘平青、姜长云，2005	农民工培训问题是农民工研究中的重要问题，是在农民工城镇"准入问题""权益维护问题"之后的又一前沿课题
王要武、尹贵斌等，2004	加强建筑业工人培训是转移农村劳动力过程中应着重解决的问题
方东平，2001	建立符合中国国情的建筑安全管理体制、安全培训制度具有特殊意义

简言之，建筑工业化、信息化技术的深度融合与运用极大地节约了建筑业劳动力成本，提高了建筑业生产效率，降低了建筑工人的劳动强度，在建筑施工实践中发挥了越来越重要的作用，这在客观上也需要构建科学的建筑业农民工向产业工人转化的培训系统，从而培养新型建筑产业工人队伍，以适应建筑业工业化的发展需求。

1.1.4　政府高度重视新时期建筑业农民工向产业工人转化的培训

长期以来，我国政府一直关注建筑业农民工职业培训问题，颁布实施了一系列政策法规，推动了建筑业农民工培训制度逐步完善，使建筑业农民工的职业技能水平逐年提升。随着建筑业的转型升级和新型建筑工业化的不断推进，现代建筑产业工人培训已成为加快建筑业转方式、调结构、促升级的中心任务。2017 年 2 月，中共中央、国务院发布《新时期产业工人队伍建设改革方案》，明确提出要加强产业工人队伍建设，造就一支有理想守信念、懂技术会创新、敢担当讲奉献的宏大的产业工人队伍[4]。为了贯彻落实该改革方案的精神，国务院办公厅随即印发《关于促进建筑业持续健康发展的意见》，明确要求提高从业人员素质，加快培养建筑人才、改革建筑用工制度、保护工人合法权益等[5]。2017 年 11 月，住建部发布《关于培育新时期建筑产业工人队伍的指导意见（征求意见稿）》，提出到 2025 年，中级工以上建筑工人达到 1 000 万人；建设一支知识型、技能型、创新型的建筑产业工人大军[6]。此后两年来，国家和各地政府密集发文，重申建筑业农民工培训和产业工人队伍建设，充分体现国家对建筑业农民工向产业工人转化培训问题的关注和重视，也成为开展建筑业农民工向产业工人转化培训的重要契机。

1.1.5　现行培训机制无法满足新时代建筑产业工人队伍建设目标

尽管政府高度重视培训工作且政策频出，但是在新型建筑工业化发展背景下，建筑业工人的知识、能力、素养等人力资本的提高并不显见。据《中国建筑业统计年鉴2020》显示，2014年至2020年间我国建筑业劳动生产率的增长速度极为缓慢，通过计算得到劳动生产率年均增长值仅3.89%。这种现象的出现很大程度说明了建筑业农民工人力资本低水平现状并未得到改变。农民工经过正式或非正式培训后，其综合素养并未发生显著提升，农民工还是农民工。由建筑业农民工现状调研分析，可以看出我国建筑业领域尚未形成科学系统的建筑业农民工向产业工人转化的培训制度体系，相关培训政策举措存在政策主导、立法缺失、条块分割、不成体系、没有配套政策、培训经费紧缺、农民工主体意愿低等诸多问题。现行的培训制度虽然在一定程度上对农民工的职业素养、社会素养起到推动提升作用，但是无法触及农民工人力资本转变的核心要素，农民工经过培训之后还是停留在原有的身份和状态，低人力资本的状态并未改变。因此，有必要反思和改进现有的培训政策机制，构建科学有效的建筑业农民工培训系统，从而提升建筑业的人力资本和劳动生产率，实现农民工向产业工人转型的目标。

1.2　研究问题的提出

前述研究背景阐释表明：在建筑产业现代化背景下，建筑业农民工向产业工人转化是大势所趋。在此过程中，重视建筑业农民工的培训是顺应工业化发展规律性的必然选择。系统化培训从理论层面、实践层面、学说层面看都是重要且迫切的。理论层面上看，建筑业农民工向产业工人转化具有概率性，同时存在难以量化的问题。人力资本理论、劳动经济学视角下的培训是破解建筑业农民工向产业工人转化过程中难以量化的概率问题的最直接、最有效的方法。然而实践过程中近十年来我国建筑业农民工仍处于受教育水平低的状态，新型工业化对建筑业的技能要求却亟待更新。政府已经认识到培训的重要性，近几年政策频出，但是效果不佳。究其原因，在于现行的培训机制并不能满足新时代建筑产业工人队伍建设的目标，不能激发农民工内在的成长要素。因此，本研究提出需从新的理论视角看待建筑业农民工培训系统建设。通过系统化培训，推动和实现建筑业农民工向产业工人转化，有效破解建筑业农民工职业化与市民化面临的双重困境，从而迎接新型建筑工业化时代的到来（图1.5）。

研究背景回答了"为什么要进行培训系统研究"的问题，后序章节将围绕

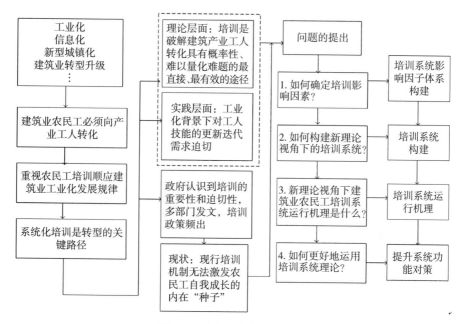

图 1.5 本文研究问题的提出

培训系统如何建设、如何应用而展开。任宏等（2015）关于系统化培训理论的研究为培训系统构建提供理论框架，种子萌发理论（J. Derek Bewley，Kent J. Brandford，Henk W. M. Hihorst，Hiro Nonogaki，2013）为培训系统的构建提供了研究基础和借鉴。根据系统化培训理论，本研究认为我国建筑业农民工培训流于形式的根本原因是尚未形成有效的培训系统，缺乏整体的顶层规划和制度设计，各方主体定位不清、责权不分，谁来组织培训、培训经费来源及培训考核都没有明确的标准。系统化培训理论代表人物任宏教授倡导以实现建筑业农民工向产业工人转化为目的，对建筑业农民工开展系统化培训。通过适应建筑业岗位需求的职业化和提升社会文明素养市民化的培训，不仅要解决产业工人转化过程中农民工的职业身份问题，还要解决建筑业农民工的社会身份问题。本文尝试通过路径依赖理论与种子萌发理论，归纳总结建筑业农民工向产业工人转化培训的一般性规律，在此基础上，依据"系统结构-系统功能-系统运行机理"的研究范式探讨在这种运作规律之下的建筑业农民工向产业工人转化培训的动力系统，以期科学地构建该动力系统的理论模型。这一理论模型的构建，必须着力解决以下几个关键问题：

第一，建筑业农民工向产业工人转化培训影响因素体系如何构建？建筑业农民工系统化培训涉及诸多利益主体的诉求，这些利益主体有哪些？针对不同的利益诉求对相关影响因子进行分析归类，这是探讨建筑业农民工向产业工人转化培训规律及其运行机理的前提，为后续研究内容的开展奠定了重要基础。由于建筑业农民工系统化培训影响因子体系构建需要完成因素识别、提取及体系构建与分析等步骤，因而要考虑既有文献资料的主要论点、建筑业内权威专家的意见、相关利益主体诉求等因素，需要引入什么研究方法进行有效分析资料，进而构建影响因素体系，这将在第 3 章展开研究。

第二，新理论视角下建筑业农民工向产业工人转化培训系统是什么、如何评价？第 3 章的影响因素体系构建为本章节奠定基础，回答了"系统里有什么"的问题。建筑业农民工转化为产业工人，培训必然具有一定的规律性，并在这一规律的指引下循序展开。因此，第 4 章将展开研究系统的要素是什么、这些要素之间是什么关系、要素的功能是什么、系统的结构如何建立。此外，如何基于新理论视角下研究农民工系统当前问题也是第四章要探讨的内容之一。

第三，新理论视角下建筑业农民工培训系统运行机理是什么？第 4 章回答了"系统是什么"，那么系统是如何运行得以发挥系统功能的、关键路径是什么，第 5 章需要选取合适的分析模型、确定系统的潜在变量与观测变量，充分收集数据并进行实证分析。实证分析结论也构成后续研究尤其是胜任力模型的分析依据。不过，由于"建筑业农民工向产业工人转化"是一个不确定的预期命题，相关研究尚未形成潮流趋势，更鲜见建筑业农民工培训系统运行机理的相关研究，因而不易从现有文献资料中提取结构方程模型可直接量化的观测变量，解决难度较大。

第四，如何提升新理论视角下建筑业农民工培训系统功能？提升新理论视角下建筑业农民工培训系统功能，即通过相关利益主体的深入剖析，从理论回归实践，用实践检验理论，实现理论与实践的双向沟通。培训系统的各要素如何更好地发挥其功效是第 6 章探讨的内容，在每个模块中，运用什么样的分析方法让实践更有据可查，更具有可操作性。

综上，本研究选取"建筑业农民工向产业工人转化"关键路径之一的系统化培训作为研究角度，回应当下我国传统建筑业现代化转型中建筑业农民工培训重要而迫切需要解决的问题，建构新理论视角下建筑业农民工向产业工人转化的培训系统。虽然本文相对于当前我国建筑业领域的研究格局而言略显小众，但是基于建筑工人的因素对于建筑业发展的重要性，本研究期望能够以小见大，在有限的时间、精力和能力下为我国建筑业农民工培训理论发展和实践应用略尽绵薄之力。

1.3 国内外研究综述

1.3.1 国外研究综述

（1）关于农村剩余劳动力转移的理论研究成果

虽然农民工是我国语境下特有的概念，但国外很早就开展了对农村剩余劳动力的转移及其人力资本开发的相关研究。亚当·斯密和拉文斯坦是新古典模型中有关劳动力流动分析理论的鼻祖。劳动力流动分析理论是以服从预算限制条件下实现个人利益最大化这一命题为基本预设，紧密围绕工资收益这一中心论点展开，认为劳动力市场供给与需求的地理性差异是劳动力转移的主要原因[7]。美国著名经济学家刘易斯于 20 世纪 50 年代首倡"二元经济模型"，指出城乡二元经济结构普遍存于发展中国家，这种结构必然导致农村劳动力向城市转移与流动，实质上是从生产效益低的农业部门向生产效益高的工业部门的流动[8]。1961 年美国经济学家乔根森的《二元经济的发展》和 1964 年费景汉、拉尼斯的《劳动剩余经济的发展》都肯定了刘易斯的理论模型并做了补充和修正，发展出"新二元经济模型"[9]。对于"二元经济模型"的批判主要来自托达罗，其根据发展中国家的经验对城乡迁移理论做了重大修正，并提出"三部门二元经济模型"[10]。根据该理论，发展中国家存在的典型现象是农村剩余劳动力正加速向城市转移与流动，而且只要预期的城市收益率高于农村，这种劳动力转移与流动的现象就会持续存在[11]。

（2）关于教育和培训的理论研究成果

国外对于教育和培训的研究要早于我国。亚当·斯密是人力资本观念的首倡者，其在《国富论》一书中明确指出劳动技巧的熟练程度和判断能力的强弱必然制约人的劳动能力和水平，而劳动技巧的熟练水平经过教育培训才能提高，教育培训需要付出学费和时间[12][13]。人力资本的概念由贝克尔所创，认为对人力的投资主要是教育支出、保健支出、劳动力国内流动的支出或用于移民入境的支出等形成的人力资本[14][15]。舒尔茨被公认为是人力资本理论的构建者和集大成者，他认为人力资本是体现在劳动者身上的一种资本类型，即劳动者的知识程度、技术水平、工作能力及健康状况等各方面价值的总和[16][17]。据此，当今时代促进国民经济增长的主要因素和动力实际是人力资本。在人力资本的形成过程中，投资是非常关键的一环，人力资本投资是最具价值的投资，而教育和培训则是人力资本投资的最主要形式。在人力资本理论的引领下，学界逐渐将研究视域转向并致力于人力资源教育与培训的研究。加里·德斯勒认为，培训是为雇员提供或者传授利于其完成本职工作所须基本技能的过程[18]。泰罗等则系统地提出培训相关原理及其实施体系[19]。

1.3.2 国内研究综述

我国理论界关于农民工培训问题的研究大致开始于 20 世纪 80 年代，起因于我国劳动力市场中"民工潮"现象的出现。不过，这一时期的相关研究仍较为鲜见，且研究对象和内容主要集中在农民工安全教育等领域，多数仅停留在个别经验总结，缺乏系统化培训这一核心命题的探讨[20]。代表性论文如徐本仁的《民工潮向农村成人教育提出了新课题》，指出农民工的文化水平总体偏低，缺乏必要的生产技术和能力的现实，并认为这一现实可能制约社会经济的发展和城市化的进程[21]。蔡昉在《劳动力市场变化趋势与农民工培训的迫切性》中认为，城市与农村的差距源于人力资本水平的差距，加强和重视农民工培训，不仅提升农民工群体人力资本，也是保持国家经济增长的重要举措[22]。此后，学术界则分别从农民工培训的必要性与可行性、供给与需求、模式与体系、内容与方式、组织与管理、效果与评估，以及新生代农民工的职业培训等领域展开广泛的研讨。

近年来，随着我国建筑业产业转型升级及建筑业农民工向产业工人转型的迫切需要，理论界才逐渐将研究视域投向建筑业农民工培训领域。

(1) 关于建筑业农民工职业培训存在的具体问题

国务院发展研究中心课题组提出农民工培训中需解决培训工作中的招生管理、学籍管理、培训机构建设、农民工培训资助政策、监管等问题[23]。袁其义阐释了当前我国建筑业农民工文化素质普遍不高、培训不积极等问题并提出相应的对策[24]。陈贵业从建筑业农民工自身技能偏低现状出发，就如何通过培训提升建筑业农民工职业素质提出了具体的建议[25]。王春林指出应当从解决农民工重视不够、用人企业短视、政策落实不到位、培训师资及培训内容欠缺、培训经费不足等问题入手提升建筑业农民工的职业技能[26]。张娟从湖南省建筑行业农民工的职业技能培训现状、需求，以及技校在建筑业农民工职业技能培训的实施情况入手，深入分析培训过程中存在的问题及成因，从而有针对性地提出解决对策[27]。唐华针对当前建筑业农民工培训存在的问题，提出从体系构建、加强规划、政策指引、平台搭建和制度完善等方面优化建筑业农民工培训管理体系[28]。姜继兴分析了建筑产业工人队伍出现断层的现象及原因，并提出了针对建筑产业工人队伍建设的相关对策[29]。

(2) 涉及新生代建筑业农民工培训的理论研究成果

华乃晨基于我国建筑业新生代农民工就业培训现状，以柯式四级培训评估模式为分析工具，充分评估我国现有三种就业培训模式，研判建筑业新生代农民工就业培训的中国模式及其实施建议[30]。刘荣福、高建华认为80、90后新生代建筑业农民工培训仍然存在政府工作不到位、企业积极性不高和培训机构不规范等问题，并提出了相应的解决方案[31]。张园园以二元Logistic回归分析模型为工具，实证分析了影响新生代建筑农民工培训的诸因素，提出农民工多元协作主体培训模式及其体系化构建[32]。

（3）涉及建筑业农民工职业培训主体的理论研究成果

国务院发展研究中心课题组提出培训工作应以政府服务、市场主导为基本原则，整合培训资源，创新机制，开放培训，全程监管[23]。张晓认为农民工培训应该坚持以政府为主导的市场化运作，发挥市场的资源配置作用，注重政府的监督和调节功能[33]。尚世宇认为应厘清政府、企业及农民工自身在整个培训体系中的角色定位、职责等问题，并试图经由分析农民工培训相关利益主体职责和义务，明确界定政府、企业及农民工自身在开展培训工作中应发挥的作用和承担的义务[34]。戎贤等以博弈论为分析方法，总结出建筑业农民工、企业、政府三方职业培训利益主体之间存在的七种博弈均衡，指出建筑业农民工的受培训权普遍面临侵害，应当予以加强和保障农民工培训顺利开展[35]。刘丽娜、付燎原同样利用博弈论的分析方法，对建筑业农民工就业培训中政府和非政府组织的行为选择进行不完全信息下静态博弈分析，从中探寻政府和非政府组织在建筑业农民工就业培训领域合作的途径，提出保障非政府组织和政府合作培训建筑业农民工顺利进行的对策和建议[36]。

（4）涉及建筑业农民工培训体制或机制建设的理论研究成果

谢芬芳等通过问卷调查得出建筑业农民工培训机制单一，提出应当增强培训机制的竞争力，灵活应用各种培训形式和方法，结合政府、企业、培训和农民工个体等培训主体的需求[37]。王冰松、杨开忠指出应当建立以劳务企业为核心的新型培训组织机制，从政府主导型走向企业自主型[38]。韩琳基于河北省建筑业发展的现实，调查分析该省建筑业农民工职业培训现状、问题及其制约因素，寻求国外发达国家建筑工人培训工作的先进经验，为河北省农民工职业培训提供借鉴[39]。涂忠强等分析了江苏建筑业农民工培训现状，结合江苏省建筑业岗位培训经验，提出了建筑业职业资格准入制度的落实建议[40]。吴书安等提出借鉴现代西方学徒制的特点和经验，结合我国建筑业农民工培训现状，构建符合中国国情的建筑产业工人培养体系[41]。金涛在全面剖析Y市建筑业农民工培训问题的基础上，从制度体系的构建与运行机制深入探讨了该市建筑业农民工的培训体系[42]。

现有关于建筑业农民工培训问题的研究成果虽广泛涉及培训的政策、模式、现状、机制、资金等不同层面的议题，但基本仅限于建筑业农民工职业技能培训领域，且相关研究不具有体系性，并未涉及新型建筑工业化趋势下的建筑业农民工培训系统性问题，采用的研究方法以定性分析居多、定量分析较少，尤其鲜有高质量的定性分析与定量分析相结合的分析，研究深度和广度均有待深化，为本研究的进一步拓展提供了研究空间。以上研究成果是国内建筑业农民工培训相关研究的重要理论基础，也为本研究的理论构建提供了重要的思考方向。

1.4 研究目的与意义

1.4.1 研究目的

本研究旨在通过将建筑业农民工向产业工人转化培训的过程制定为一个有机整体的系统框架，并按照动态、发展的理念进行统筹安排与设计，借以提升建筑业农民工系统化培训的成效，推动建筑业农民工向产业工人转型。基于此，本文研究目的主要表现在以下几个方面：①阐释建筑业农民工向产业工人转化培训所处的特定时代背景和意义，从而促进我国新型建筑工业化发展和建筑产业工人队伍建设。②全面挖掘、归纳建筑业农民工系统化培训的影响因素，为建筑业农民工培训系统影响因子体系构建提供参照。③探索建筑业农民工系统化培训的要素、功能，为后续系统运行机制研究奠定基础。④构建适应建筑业农民工培训系统演进规律的运行机制，并验证其合理性与可行性。⑤深化建筑业农民工培训系统应用研究，为我国建筑业农民工培训提供决策参考。

1.4.2 研究意义

（1）理论意义

本研究的理论意义在于：①改变过去更多局限于建筑业农民工职业技能培训领域的研究，在种子萌发理论视角下探讨建筑业农民工培训系统，致力于新体系、新模型、新机制的构建，拓展我国建筑业农民工培训理论体系，为后续相关研究提供重要的思考方向。②改变过去建筑业农民工培训理论以定性分析为主的固有局限，转而采用定性分析与定量分析相结合的方式，通过实证调研、访谈和文本分析，构建建筑业农民工系统化培训影响因子体系，充实建筑业农民工培训理论的研究方法。③本研究成果能够为教学和科研工作提供有价值的参考资料，也可为有关部门的决策提供基础性参考。

（2）实践意义

建筑业农民工系统化培训是一个具有较强实践属性的命题，具有但不限于以下实践价值：

第一，契合建筑产业工人队伍建设的政策目标。作为建筑业的主力军，建筑业农民工的职业化水平远远跟不上技术进步的步伐，甚至成为新型建筑工业化的掣肘。建筑业农民工系统化培训有助于培养具有高素质、高技能的新型产业工人，为新型建筑工业化发展注入源源不断的动力，实现建筑业可持续发展。

第二，提高农民工就业能力，稳定建筑产业工人队伍的有效途径。我国建筑业农民工受教育程度低，缺少必备的技能培训，且以非常低的人力资本存量进入建筑行业，难以实现持续稳定就业的状态。建筑业农民工培训系统的建立，对农民工职业技能、社会文明素养的提升，能从根本上提高农民工的人力资本存量、提升就业质量、提高产业工人转化率。

第三，提升建筑业人力资本，应对技术进步和生产方式的变革及挑战。新常态下经济发展模式已发生转变，行业增长已从有量的增长向质的提升需求转变。在工业化、信息化的背景下，知识、技能、产品、设备都快速更新，组织结构越来越复杂，专业化协作需求增大，生产方式开始出现变革。建筑行业亟须通过系统化培训培育高质量、高技能人才应对技术进步和生产方式变革的挑战。

第四，提升农民工综合素养，促进社会公平正义。农民工问题的解决关系到社会稳定、社会公平正义。农民工由于自身文化程度较低、就业选择面窄、失业率高，大部分从事就业门槛较低的体力工作，在社会分工中总是处于弱势群体位置。建筑业农民工培训系统的建立，不仅有助于提高农民工的专业技能水平，而且对农民工市民化也起到直接推动作用。通过系统化培训，全面提高农民工的职业素养和社会文明素养，提升农民工人力资本，改善农民工社会经济地位，也是促进社会和谐、社会稳定、社会公平正义的体现。

1.5　研究内容与方法

1.5.1　研究内容

系统化培训是实现建筑业农民工向产业工人转化的关键路径，对我国建筑产业工人队伍建设和新型建筑工业化发展具有不可替代的作用。基于此，本文主要围绕以下内容展开研究：

第一，建筑业农民工向产业工人转化培训影响因子体系构建。第 3 章引入扎根理论，综合采用文献梳理、实证调研和专家访谈等研究方法，运用数据编码将资料进行分解、概念化并重新组合，借助 QSR NVivo10 软件进行开放编码、轴心编码、选择编码分析，根据质性分析结果提出建筑业农民工系统化培训影响因子体系，为培训系统应用奠定基础。

第二，基于种子萌发理论的建筑业农民工培训系统构建。第 4 章引入种子萌发理论，尝试构建以萌发为核心运动特征的动力系统整体结构，具体包括建筑业农民工培训系统要素、系统结构、系统功能，借助这套系统回答如何基于种子萌发理论提出建筑业农民工向产业工人转化培训系统，解构培训系统运行机理，重新梳理建筑业农民工培训系统问题，并找出症结所在。既回答了系统如何构建的问题，也为第六章系统要素功能提升奠定基础。

第三，基于种子萌发理论建筑业农民工培训系统运行的机理研究。第 5 章提出建筑业农民工培训系统运行机理的理论模型并加以验证，结构方程分析的理论模型、确定动力系统的潜在变量与观测变量，展开实证进行分析，包括建筑业农民工培训系统运行机制及其结构方程模型构建、变量的测量、调查问卷、数据描述性统计分析、信度和效度分析、模型假设检验、模型验证、模型修正、结果分析。既回答了系统如何运行，也为培训系统应用尤其是胜任力模型分析提供依据。

第四，提升建筑业农民工种子萌发理论培训系统功能的对策研究。第 6 章通过农民工内在模块、培训体系实施模块和外部环境模块的构建，回答了系统功能如何提升的问题：①建筑业农民工内在模块采用二元 Logistic 模型分析农民工参与培训意愿的影响因素，在此基础上提出对策建议；②培训体系模块借助系统型理论分为培训需求、培训计划、培训实施、培训评估四个环节，并结合胜任力模型及柯氏四级培训评估模式支撑整个实施模块架构；③外部环境模块运用学习组织理论分别对政府、行业机构和建筑企业提出相应的建议。

1.5.2　研究方法

研究方法的选择主要取决于研究内容。本文既采用文献研究法、问卷调查、实地调研法等社会科学研究方法，在一些关键研究问题上又采取系统理论分析法、类比移植法、质性研究、定量化研究等分析方法。

(1) 文献研究法

通过文献检索，界定了农民工、产业工人、建筑业农民工向产业工人转化等相关概念，阐释了扎根理论、种子萌发理论、胜任力理论、学习型组织理论、人力资本理论，比较分析了国内外相关培训模式，在此基础上识别主要的研究方向，厘清研究脉络，构建本文的研究框架。

(2) 实地调研与专家访谈法

本研究开展了多次调研和专家访谈。一是针对不同利益主体分别设计问卷。为了检验问卷中问题的接受度和有效性，笔者赴建设工地进行实地调研，通过发放调查问卷，获得建筑业农民工向产业工人转化培训的基础数据。二是广泛开展专家访谈。走访了重庆大学建设管理与房地产学院、福建省住建厅、福建省建筑业协会、福建省建筑业中建科技集团有限公司、中建海峡建设发展有限公司、厦门建筑科学研究院集团股份有限公司、福建九龙建设集团有限公司、厦门特房、中建七局、厦门大学、华侨大学等相关专家和企业中高层管理人员，并进行相关讨论。

（3）类比移植法

类比移植指在寻找不同事物之间存在的某些共同特质之后，将其中某一事物的相关知识推移至另一事物，据此做出一定的假设结论和解释说明的推理方式[43]。本文引入类比移植法，探寻建筑业农民工系统化培训规律。通过对种子萌发现象的系统学习和分析，采用类比移植法，将建筑业农民工身份转化过程与种子萌发过程进行对比，从种子萌发理论视角展开建筑业农民工系统化培训的规律与范式。

（4）质性研究

质性研究强调基于社会现象提出理论概念并予以明晰化，通过广泛搜集和深入分析质性数据，从实践经验和模型中挖掘基础概念的内涵及外延，进而构建相应的理论模型。本文采用扎根理论对培训系统影响因素进行质性研究，在扎根理论框架下运用数据编码将资料进行分解、概念化，然后重新组合，借助QSR NVivo10软件进行开放编码、轴心编码、选择编码分析，根据质性分析结果提出建筑业农民工系统化培训影响因子体系，为培训系统的构建奠定基础。

（5）定量化研究

建筑业农民工培训系统运行机理涉及多个可观测和不可观测的变量，用传统的方法难以解决变量多且难以直接度量的问题，结构方程模型可以有效应对上述情况，并通过动态的修改过程不断调整模型的结构，最终得到一个最合理的、与事实相符的模型。

1.6　技术路线

本文紧扣"建筑业农民工""产业工人""转化""种子萌发""培训系统"五个核心概念，对我国建筑业农民工向产业工人转化培训进行全局性、系统化思考，主要包括培训影响因素体系、培训系统构建、培训系统运行机理、培训系统应用等方面。围绕本文的研究目的和研究内容，从理论研究与实践应用相结合的角度，按照"为何构建培训系统→怎样构建培训系统→如何运行培训系统→如何进行系统功能提升"的逻辑思路，制定了如图1.6所示的技术路线。本文技术路线按照逻辑架构、章节安排、主要研究内容、主要产出成果、主要理论与方法五方面展开阐述。

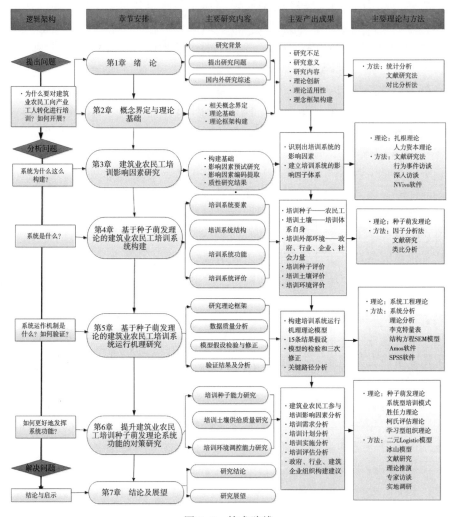

图 1.6　技术路线

1.7　论文结构

本文以构建建筑业农民工向产业工人转化培训系统为研究目标，综合运用多种研究方法和手段，研究内容涵盖培训影响因子体系构建、培训系统构建、培训系统运行机理模型构建、培训系统要素提升研究。结合研究目的、意义及以上关键研究内容，确定研究结构如下：

第1章绪论。一是通过研究背景分析提出研究问题，在此基础上指出本文的研究目的和研究意义。二是综述国内外建筑业农民工培训相关文献，总结国内外相关研究成果的不足之处和有待进一步深化研究的空间，进一步强化本研究的必要性和可行性。三是基于研究问题和研究目的，确定研究内容与相应的研究方法，并提出本研究的技术路线和研究框架。

第2章概念界定和理论基础。承接研究目的和研究意义，对本研究相关核心概念及内涵特征进行界定，收集、整理和分析既有相关理论并对其进行细致阐释，对本文主要理论基础即种子萌发理论进行内涵及适用性分析，进而构建本研究的理论分析框架，为之后各章节提供理论支撑和依据。

第3章建筑业农民工培训影响因素研究。采用扎根理论及质性研究方法，基于文献搜集、实证调研、专家访谈获得一手资料，运用数据编码对资料进行分解、概念化后再重新组合，借助 QSR NVivo10 软件进行开放编码、轴心编码、选择编码分析，然后根据分析结论完成建筑业农民工系统化培训影响因素体系的构建。

第4章基于种子萌发理论的建筑业农民工培训系统构建。采用种子萌发理论，构建以萌发为核心运动特征的系统整体结构，包括建筑业农民工培训系统要素、系统结构、系统功能。借助这套系统回答"如何基于种子萌发理论提出建筑业农民工向产业工人转化培训系统"，解构培训系统运行机理理论模型，并运用该理论对系统问题进行再梳理，找出系统症结所在。

第5章基于种子萌发理论的建筑业农民工培训系统运行机理研究。提出建筑业农民工培训系统运行机理理论模型并加以验证，结构方程分析的理论模型、确定系统运行的潜在变量与观测变量，进而展开建筑业农民工培训系统运行机制及其结构方程模型构建、变量的测量、调查问卷、数据描述性统计分析、信度和效度分析、模型假设检验、模型验证、模型修正、结果分析等实证分析。

第6章提升建筑业农民工培训系统功能的对策研究。通过农民工内在模块、培训体系实施模块和外部环境模块的构建，回答"系统功能如何提升"这一问题。一是采用二元 Logistic 分析模型分析农民工参与系统化培训的影响因素；二是借助系统型理论分为培训需求、培训计划、培训实施、培训评估四个环节，并结合胜任力模型及柯氏四级培训评估模式支撑整个实施模块架构；三是运用学习组织理论分别对政府、行业机构和建筑企业提出相应的建议。

第7章结论及展望。基于各章节研究内容和分析结果，提炼本研究的主要研究结论，并对本研究的主要创新点、研究不足之处及有待进一步研究的内容进行归纳和总结。

2 | 概念界定与理论基础

2.1 概念界定

2.1.1 建筑业农民工

农民工是我国特殊历史时期产生的一个新概念，也是中国特有的一个社会现象[44]。关于"农民工"的表述，最早是由社会学者张玉林教授在 20 世纪 80 年代初期针对"民工潮"社会现象进行思考、归纳和总结的结果。由于农民工的地位或作用并未得到一致的认可，以至于对农民工的认识，至少存在"农民工是从农村向城市的盲流""农民工是农村剩余劳动力""农民工是城市工人"三种不同的面相[45]。应该说，犹如其概念本身一样存在争议性，农民工群体的存在深刻地反映了一个极为复杂与矛盾的社会现实。

农民工群体既不是传统意义上的农村人，也不是现代意义上的城市人，而是在以户籍身份为划分阶层基础的当代中国社会形成的介于农民与市民之间的一个独特的社会阶层[46]。经过反复多次讨论之后，2006 年 1 月 8 日《国务院关于解决"农民工"问题的若干意见》发布，正式采用"农民工"的称谓。根据当前农民工群体在全国各城市中的职业分布、生活状况及其地位和作用的差异，可以大致划分四种类型：①从事建筑业的农民工；②打零工的自主就业者，如流动商贩等；③国有和民营企业从事制造业的农民工；④从事商业零售批发、餐饮、物流、物业、治安、环卫、仓储、家政等城市服务行业的工作人员，以及在政府机关和社会团体、房地产业甚至教育、卫生、金融等行业从事各类业务的人员[47]。

建筑业农民工指从事最具体的建筑施工及管理工作的技术工人和劳务作业人员，涉及建筑施工领域的诸多工种[48]。据 2017 年住建部发布的《住房城乡建设行业职业工种目录》，建筑业工种累计 184 个，常见的建筑业农民工工种如表 2.1 所示。本文的研究对象并非单个农民工的个体培训，而是农民工群体的培训系统。

表 2.1　建筑业农民工常见工种

序号	工种	序号	工种	序号	工种	序号	工种
1	木工	5	油漆工	9	电工	13	安装钳工
2	架子工	6	混凝土工	10	电焊工	14	安装起重工
3	钢筋工	7	砌筑工	11	打桩工	15	管道工
4	抹灰工	8	防水工	12	模板工	16	通风工

2.1.2　产业工人

所谓产业工人，通常指包括工业、矿业、电力、建筑和运输在内的五大行业中处于被管理地位的、以体力或半体力劳动获取工资为主要生活来源的生产工人和技术工人[49][50]。从行业领域来看，产业工人主要集中在包括制造业、采矿业、电力业、建筑业、交通运输业在内的以工业为主体的物质生产部门；从社会化程度来看，产业工人是伴随着产业革命的兴起和发展而产生和发展壮大起来、与社会化生产相联系、在现代工厂矿山等企业中的工人[51]。简言之，产业工人是在现代工业部门中从事生产劳动，具有稳定的职业和岗位、相对固定的工作时间、较适宜的工作环境、较高的职业技能和素质、较为完善的劳动权益和社会保障、较高的社会认可度的工人，代表着最先进的生产力和技术创新力，其职业化、市民化特征是农民工不可同日而语的[52][53]。

农民工作为新近加入产业工人队伍的新产业工人已经是我国产业工人的重要组成部分[54][55]。这种新产业工人具有以下鲜明的特质：①乡土性，即新型产业工人与现代城市工人的最大区别在于其户籍身份或社会身份是农民，绝大多数新型产业工人群体在走向工业化、城镇化的过程中保持着与土地制度的联系，并未放弃或割裂与承包土地的制度性关联；②兼业性，即绝大部分新型产业工人均与土地保持或亲或疏的联系，其在职业形态上表现为一种兼业性，这是农村工业化初级阶段的一种必然的存在形式，也是农民初步走向工业化和城镇化的一种适应性变迁方式，具有一定的历史阶段的合理性；③时代性，即农民工本身就是社会转型时期的产物，伴随着程式化进程的加速发展而具有与时俱进的时代特征，尤其是农民工主体的更新换代，作为新产业阶层的新生代农民工逐步登上城市化的历史舞台[56]。

2.1.3　建筑业农民工向产业工人转化

当前我国的社会经济发展已经进入了新常态，新常态下我国社会经济发展速度和经济结构势必有所调整。我国建筑业转型升级与经济发展变化密不可分，因而也必须适时做出相应的调整[57]。我国传统建筑业的转型升级必须依靠科技进步来谋求产业发展，通过系统化培训将作为我国建筑业用工主体的5 600余万农民工群体持续有序地转型为高素质、高技能的产业工人队伍[58]。建筑业农民工向产业工人转化涉及建筑业农民工身份的转化，包括职业化和市民化两个层面。建筑业农民工向产业工人转化既可以提供建筑业转型升级源源不断的动力，实现对建筑业劳动生产力的合理布局，也可以打破"城-乡""本地-外地"的双重二元分割，将大量农村剩余劳动力有序地向城市转移，融入城市生活，平等享受市民化服务、福利和待遇，实现社会经济可持续发展与社会公平正义[59]。

2.1.4 系统化培训

培训是企业为员工传授岗位所需基本技能的活动[60]。一般根据企业需求有目的、有计划地组织的活动，通过不断补充、更新员工的知识和技能，提高员工的素质和能力，使员工能够胜任目前岗位的工作或者为以后更加重要的工作做准备[61]。2015年重庆大学"建筑业农民工向产业工人转化顶层设计研究"课题组提出：系统化培训是建筑业农民工向产业工人转化的关键路径之一（图2.1）。系统化培训通过系统培训的方式，提高从业者的职业技能水平和生存技能水平。就建筑业农民工而言，系统化培训通常包括职业化和市民化培训两个基本内容。基于此，本文所谓的建筑业农民工向产业工人转化系统化培训，指以建筑业农民工为培训对象，以实现由建筑业农民工向产业工人转化为目标，以适应建筑业各岗位需求及建筑业农民工融入城市社会生活的多种职业技能和社会文化、文明素养为主要内容的综合性系统化的培训活动，具体包括建筑业基本职业技能、融入城市的生活技能，以及岗位管理技能、社交技能、

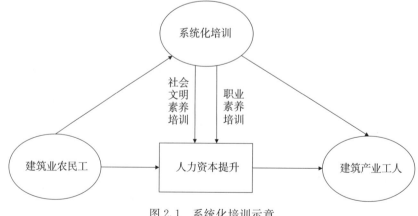

图 2.1　系统化培训示意

学习创新能力等更高需求在内的自我价值实现的高级技能。

2.2 主要理论基础

2.2.1 种子萌发理论内涵

种子萌发理论是生态学领域重要理论，在社会学领域也有广泛的应用前景。J. Derek Bewley 等合著的《种子：发育、萌发和休眠的生理》一书系统地介绍了种子萌发的基本原理。根据该理论，种子萌发现象包括萌发过程、萌发要素、萌发概率三部分，具有复杂的原因和机制，种子萌发指种子从吸胀作用开始持续发生的一系列动态、有序的生理过程和形态发生过程[62]，如图 2.2 所示。

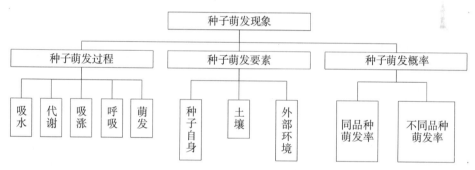

图 2.2 种子萌发现象理论框架

成熟干燥的种子只需在合适的条件下发生水合作用，就能顺利萌发[63]。萌发始于种子吸水，终止于胚轴体的伸出。种子吸水激活代谢作用，随后引起胚的膨大和胚根从外周组织中突破，吸胀后随即激活了呼吸作用，从而为这些过程提供代谢能量，直至胚根突破包裹在其周围的结构。胚产生的膨胀力与外周组织的物理限制之间的平衡，决定了萌发是否完成及完成的时间。膨胀力来源于种子的吸胀作用，外周组织的物理限制则在胚根伸出后被突破[64]。胚根伸出也称"可见萌发"，此时整个萌发过程完成，如图 2.3 所示。

除了种子本身要具有健全的发芽力及解除休眠期以外，还需要适宜的温度、适量的水分、充足的空气等条件[65]。种子萌发时，首先是从土壤中吸水，促使种子内部物理状态发生变化[66]；其次是空气，种子只有通过不断地进行呼吸空气获取能量，才能保证生命活动的正常进行；最后是温度，种子内部营养物质的分解及其他一系列生理活动，都需要在适宜的温度下进行[67]。种子从吸胀开始到萌发完成，须经历一系列有序的生理过程和形态

图 2.3　种子萌发过程示意

发生过程。

当然，任何种子都具有特定的萌发率，即吸胀开始至胚根伸出所需时间的倒数[68]。由于群体中的种子并非全部都能同时萌发，速率是针对特定的萌发百分比而言的。萌发率的一般计算方法是测定 50％的种子完成萌发所需的时间。达到 50％的萌发率所用的时间取决于一定时期内最终的萌发状况[69]。基本上，并非所有种子都能萌发，不同种子的萌发率是不一样的。种子萌发重要的起始步骤是从土壤中吸水。在多种因素影响下，土壤将水分传递到种子细胞，种子的水势强度与土壤的水势强度是这其中尤其重要的因素。水势（Ψ）的公式可表达为

$$\Psi = \Psi_S + \Psi_P + \Psi_m \qquad (2.1)$$

式（2.1）中，Ψ_S 代表溶质势（solute potential），Ψ_P 代表压力势（pressure potential），Ψ_m 代表衬质势（matric potential）。细胞和土壤都有其水势，如细胞溶质势产生的原因是种子细胞中溶质浓缩对水分自由能的影响，细胞中溶质的存在可以形成水势梯度，当胞外水势更高时，细胞吸水。水分进入细胞会出现压力势，因水分不压缩，进入细胞后导致内压力升高，水分的能量状态上升。衬质势是由水分与毛细管及淀粉、蛋白质等大分子的表面紧密联结而形成的[68]。

2.2.2　种子萌发理论适用性分析

(1) 建筑业农民工身份转化萌发的概念界定

与种子萌发相似的是建筑业农民工向产业工人身份转化存在"静止""吸水""萌发"的状态和过程。在种子萌发理论视角下，建筑业农民工身份转化

指建筑工人的身份在萌发力驱动下完成的"水合作用",从传统建筑业农民工向现代产业工人转化的动态过程。基于建筑工人身份转化的特殊性,以及其与种子萌发过程的相似性,本小节对建筑业农民工身份转化萌发的"吸水""代谢""吸胀""呼吸""萌发"进行狭义的界定。建筑业农民工身份转化萌发的"吸水"指建筑业农民工参与系统化培训,参加相关培训课程,学习职业技能,提升文化知识和社会文明素养。建筑业农民工身份转化萌发的"代谢"指建筑业农民工在培训过程中接收到新技能、新文化、新知识、新观念等与自身固有的知识体系发生碰撞或填充原有的知识缺陷而产生的知识更新活动。建筑业农民工身份转化萌发的"吸胀"指建筑业农民工经过系统化培训,迅速且较大程度地吸收、提高自身的知识技能和文化素质。建筑业农民工产业工人身份转化萌发的"呼吸"指建筑业农民工经过系统化培训,在吸收和充实自身的知识技能和文化素养的同时,激活其更新、提升知识体系和文化素养的观念欲望,并进一步培训的内在需求。建筑业农民工身份转化萌发的"萌发"指建筑业农民工经过系统化的体系培训后,职业技能和文化素养得到了质的提升,达到了职业化水平和市民化水平。

(2)建筑业农民工向产业工人转化与种子萌发的相似性

建筑业农民工向产业工人转化与种子萌发的相似性(表2.2)表现在:

第一,建筑业农民工作为传统建筑业态下的"成熟干燥的种子",受建筑业农民工个人先天资质和后天学习的影响,其技能水平尤其是社会文化素养处于"静止期"。"静止状态"下的建筑业农民工自身的人力资本存量较低,职业技能和社会文化素养普遍不高,更新活动基本停止。

第二,在建筑业转型升级和新型建筑工业化对建筑业劳动力素质提出更高要求的背景下,建筑业农民工经由系统化培训后又可能恢复正常的、高水平的知识与技能更新的"代谢活性",这是其作为"种子"的一个显著特征。

第三,建筑业农民工身份的转化始于在系统化培训中吸收新技能、新知识、新文化和新观念,激活自身"代谢功能",引发自身职业技能和社会文化素养更新的内在驱动,随即激活"呼吸功能",提供身份转化能量支持,直至转型为建筑工人身份。简言之,建筑业农民工身份转化是以职业化与市民化这一动态的"生理过程"完成为标志。

当然,建筑业农民工的身份转化受自身条件、培训体系及社会环境等条件影响,并非所有建筑农民工都能实现向产业工人的转化,不同工种的建筑农民工的转型速率也会有所不同。

表 2.2　种子萌发与建筑工人身份转化相似性特征对比

相似性特征		种子	建筑业农民工
萌发过程	吸水	处于静止期的种子从土壤、空气中吸收水分的物理活动	参加相关培训课程，学习职业技能，提升文化知识和社会文明素养
	代谢	通过吸胀吸水，促使种子中的原生质胶体状态转变，修复被破坏的细胞器和不活化的高分子，并使之得以伸展，呈现出原有的结构和功能[69][70]	培训过程接收到新技能、新文化、新知识、新观念等与自身固有的知识体系发生碰撞或填充原有的知识缺陷而产生的知识更新活动
	吸胀	快速吸水后原生质的水合程度趋向饱和，细胞膨压增加，体积膨胀	经过系统培训，迅速吸收、提高自身的知识技能和文化素质
	呼吸	细胞水合程度增加，酶蛋白恢复活性，某些基因开始表达并转录，同时酶促反应与呼吸作用增强。子叶或胚乳中的贮藏物质开始分解，转变成可溶性和可运输的化合物[68]	经过系统化培训，在吸收、提高自身的知识技能和文化素质的同时，激活其更新、提升知识技能和文化素养的观念欲望和培训的内在需求
	萌发	胚细胞的生长与分裂引起了种子外观可见的萌动，当胚芽从其外周包围的组织伸出时即为萌发	建筑业农民工经过系统化的体系培训后，其职业技能和文化素养得到质的提升
萌发要素		种子、土壤、外部环境（一定的水分、适宜的温度、充足的空气等）	培训种子即农民工，培训土壤即培训体系，培训外部环境即政府、建筑行业、建筑企业、社会力量等
萌发概率		并非所有种子都能萌发，且不同种子的萌发率是不一样的	并非所有农民工都能通过培训转化为产业工人，且不同工种的转化率是不一样的

　　本研究"4. 基于种子萌发理论的建筑业农民工培训系统构建"中，运用种子萌发理论分析建筑业农民工系统化培训所需的内外驱动力条件及运行机理，最终寻求在种子萌发理论视角下构建建筑业农民工培训系统。由于种子萌发与建筑业农民工系统化培训具有可类比性，即种子萌发视角下建筑业农民工可以类比为等待萌发为建筑产业工人的"种子"，建筑业农民工向产业工人转化的培训体系实施可被视为"土壤"，政府、建筑行业、建筑企业和社会力量等可被视为"外部环境"。职业技能、社会文明素质处于"静止状态"的建筑农民工在合适的条件下（如科学的培训体系、合理的薪酬制度和社会保障等）就能发生"水合作用"，萌发转化成为建筑产业工人。可以说，建筑业农民工向产业工人转化始于系统化培训，即经由体系化培训吸收新技能、新知识、新文化和新观念等，激活自身的"代谢功能"，引发自身职业技能和社会文化素养更新的内在驱动，随即激活了"呼吸功能"，从而为向产业工人转化提供能量支持，从根本上提升职业化与市民化水平，最终实现向产业工人的转化。

2.3　其他主要相关理论

2.3.1　扎根理论

社会科学领域存在"量的研究"和"质的研究"两种相对应的研究方法，前者主要基于特定前提预设，将社会现象进行量化并计算出相关变量之间的关系，由此得出科学、客观的研究结果；后者则强调研究者应当深入社会现象及其所处社会场景，通过亲身体验感受和了解研究对象的思维方式，在收集原始资料的基础上建立情景化、主体间关系的意义解释[71][72]。

作为质性研究的典型方式，扎根理论是 1967 年美国社会学者格拉斯和斯特劳斯提出的一种在经验资料的基础上构建理论的方法，即在系统收集资料的基础上，寻找反映社会现象的核心概念，通过在这些概念之间建立起联系而形成的理论[73]。扎根理论广泛运用于根据一般社会现象提出理论概念并予以明晰化，通过广泛搜集和深入分析质性数据，从实践经验和模型中挖掘基础概念的内涵及外延，进而构建相应的理论模型，具体程序步骤如下：一是从资料中产生概念，并对资料进行逐级登录；二是对资料和概念进行不断比较，系统地询问与概念有关的生成性理论问题；三是发展理论性概念，建立概念和概念之间的联系；四是理论性抽样，系统地对资料进行编码；五是理论建构[74][75][76]。

本研究"3. 建筑业农民工培训影响因素研究"中，将运用扎根理论提取影响建筑业农民工系统化培训的有关因子，在此基础上谋求建筑业农民工系统化培训影响因子体系的构建。理由在于：建筑业农民工系统化培训是一项设计社会经济发展、建筑业转型升级、建筑企业劳动生产力提高、建筑业农民工职业化和市民化水平提升等诸多问题的系统工程及复杂的制度安排，需要以系统理论为视角，寻求建筑业农民工系统化培训影响因子体系的构建。基于扎根理论擅长并广泛应用于分析那些未获清晰界定或者无法采用既有理论进行推导的社会现象，而且此种质化研究的流动的、演进的、动态的本质，更能在探索性研究中获得固有理论预设之外的收获[77]。为确保建筑业农民工系统化培训影响因子体系构建的系统性和科学性，有必要在扎根理论框架下，通过广泛的问卷调查、深入的部门及专家访谈，结合文献分析和规范分析等研究方法手段提取建筑业农民工系统化培训的相关影响因子，建立各因子之间的联系，然后采用数据编码将资料进行分解、概念化后重新组合，运用 QSR NVivo10 软件进行开放编码、轴心编码、选择编码分析，根据质性分析结果提出建筑业农民工系统化培训影响因子体系的构建路径。

2.3.2 人力资本理论

现代人力资本理论是美国经济学家舒尔茨和贝克尔创立的理论体系[78]。人力资本理论第一次突破了唯资本论的传统观点，根据培训与个人收入水平的关系建立人力投资收益率模型，将教育投资与培训作为衡量人力投资的两个变量，认为最重要的人力资本投资是教育培训[79][80]。技能和知识是人力资本的重要形式，技能存量经由教育培训积累和形成，在投入和产出过程中能够与原始劳动力相协调，而作为社会发展的动力，知识存量则能够对经济增长起到推动作用，即使是在缺乏技术进步的条件下也能发挥持续推动作用。此后，Patrick 等将人力资本的效益划分为内部效益和外部效益两种类型[81]。内部效益影响人力资本的生产效率，促使个体技术的内生化效益不断增强，经过长时间积累则会形成一定的垄断性；外部效益影响所有要素的生产效率，对提升生产要素的生产率具有积极作用[82]。

本研究尝试将人力资本理论贯穿全文的理论分析和制度构建，尤其是"2.1.4 系统化培训""5. 基于种子萌发理论的建筑业农民工培训系统运行机理研究"等重点章节，运用人力资本理论去阐释建筑业农民工培训系统的内涵要素、挖掘建筑业农民工培训系统的驱动力来源，以及建筑业农民工人力资本提升的内部效应和外部效应等。在人力资本理论视角下，建筑业农民工培训系统的动力源于人力资本的提升：一是经由系统化培训产生的职业技能存量是建筑施工过程中呈现出来的劳动力水平；二是经由系统化培训提升的社会文明素养是建筑业农民工扎根城市融入社会的基本动力；三是经由系统化培训提升的个人发展智识存量，是建筑业农民工持续学习、提升能力的重要动力。就人力资本的内部效益而言，人力资本的高低对建筑业农民工向产业工人转化成效能够产生直接影响作用。从人力资本的外部效益来看，建筑业农民工个体之间存在人力资本的差异性，能够对人力资本水平较低的农民工参与系统化培训产生激发促进作用[83]。

2.3.3 胜任力理论

胜任力的概念最早是由美国学者麦克兰利于 1973 年正式提出，指包括知识、技能、社会角色、自我概念、性格、需求在内的能够将工作中表现优异者与表现平庸者区分开的个人的表层特征与深层特征[84][85]。胜任力模型下优秀员工所具有的六个层次的特质中，知识和技能方面的能力通常只需从一个人的外在表现就能有所了解，也较为容易经由职业培训获得提升，因而属于基础素质或基础胜任力，宛如冰山上部的冰是浮在水面之上；社会角色、自我概念、性格及需求这四个层次的特质属于较深层次特质，如冰山隐没在水下的部分，往往需要通过挖掘才能发现，因而也称为鉴别性胜任力[86]。

胜任力洋葱模型理论是将胜任力模型通过从内到外的包裹性结构展现出来，如图 2.4 所示，包裹性结果的核心是需求所处的位置，属于个性/动机、自我形象、价值观、知识、技能向外层延伸[87]。在这个特殊结构中，越是处于外层的特质往往越容易培养和评价，而越是处于内层的特质则往往越不容易培养和评价，或者是越容易出现评价偏差。以上两种胜任力模型在本质上基本相似，都将员工特质分为核心特质和基本特质两种类型。

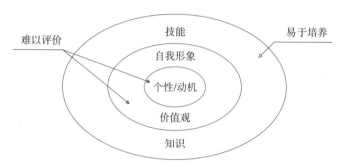

图 2.4　胜任力洋葱模型理论

基于以上，如果能够合理借助和运用胜任力模型，那么完全可以较为容易地从企业的某个特定岗位中发现作为优秀员工所应具备的能力特征。而培训过程中胜任力模型的运用，首先需要对岗位需求进行分析，找到适合特定岗位需求的员工，或者针对未达到最佳胜任力的员工进行有针对性的培训[88]。为确保培训质量和效果，胜任力模型的运用应当建立在充分前期调查和细致分析的基础上。

胜任力模型主要通过判断组织环境变化来识别企业的核心胜任力，借此确定企业关键岗位的胜任素质模型，对比员工的能力现状从而找出培训需求所在[89]。此种模型有助于描述工作所需的行为表现，以确定员工固有素质特征，同时发现员工有待学习和提升的技能，通过模型中明确的能力标准为组织的绩效评估提供便利，促使员工建立行动导向的学习[90]。

本研究"6.3 改善培训土壤供给质量研究"中，尝试运用胜任力模型准确评价出建筑产业工人所具备的胜任力素质特征，并在全面客观的培训需求分析基础上做出对培训内容、培训时间、培训地点、培训者、培训对象、培训方式和培训费用等的预先设定，以此为目标开展有效的系统的培训。

2.3.4 学习型组织理论

学习型组织理论是一种企业组织理论。基于此种科学的管理理论，学习型组织是一种有机的、高度柔和的、扁平化的、符合人性的、能持续发展的、具有持续性学习能力的组织[91][92]，主要由自我超越、改善心智模式、共同愿景、团队学习和系统思考五部分组成[93]，目标是持续不断的学习、亲密合作的关系、彼此联系的网络、集体共享的观念、创新发展的精神、系统存取的方法、建立能力等[94][95]。基于此，学习型组织具有以下特征：一是组织成员拥有一个共同的愿景，凝聚不同个性的组织成员朝着共同目标前进。二是由多个创造性团体或学习单位构成，组织目标直接或间接地通过团体达成[96]。三是善于通过终身学习、全员学习、全过程学习、团体学习保持持续发展态势。四是决策权下移，确保上下级有效沟通。五是自主管理，互相学习，不断创新，提升组织的适应能力[97]。

本研究尝试运用学习型组织理论，在建筑业农民工向产业工人转化的系统化培训实施过程中有效激发并发挥建筑业农民工个体的主观能动性，建立学习型班组，引导建筑业农民工树立自主学习、终身学习的理念，自觉把终身学习培训作为不断学习提升自身职业技能和文化素养的第一要务[98]。促进建筑业农民工培训系统的良性运作，一要化被动培训为主动培训。传统建筑业农民工职业培训多具有浓厚的强制性色彩，学习型组织中的学习培训则呈现一种积极主动的自主性学习，尤其对于建筑业农民工来说，基于建筑施工的实际需要，该群体与其他组织成员相比，通常具有更为主动、强烈的个体意识和解决问题的愿望[99][100]。二要确立并强化终身学习的理念。终身学习是学习型组织所秉持的理念，通过强化自我超越的目标不断激发组织成员内在的学习发展动力[93][101]。基于此理念建立的学习型班组，能够通过价值观和行为准则汇聚建筑工人队伍，避免通过人为约束建筑业农民工个体，激发学习型班组成员个体主动参与系统化培训的积极性和内在驱动力，并借助良性运行机制激励组织成员持续不断地提升学习能力和竞争力[102]。

2.4 理论框架构建

2.4.1 研究思路及框架

本研究主题建筑业农民工培训问题研究从理论、实践上看，都是重要且迫切的。如前述所言，尽管政府重视农民工培训工作且政策文件频发，但是培训效果并不好，农民工经过培训之后其人力资本并未获得显著提升，究其原因在于现行的培训制度未能激发农民工内在成长"种子"。基于建筑业农民工系统化培训是一项涉及诸多问题的系统工程和动态的过程，必须深入机制层面探究培训系统运行的内在机理，借助新理论指导培训系统构建[103]。种子萌发理论认为种子萌发有复杂的原因和机制，须具备种子自身性质、土壤及其他外部环境等条件，与建筑业农民工向产业工人转化具有共通性。为此，本文提出采用种子萌发理论对建筑业农民工系统化培训的相关概念进行类比界定，在此基础上构建建筑业农民工培训系统。建筑业农民工身份转化始于系统化培训，通过培训吸收新技能、新知识、新文化和新观念，激活自身的"代谢功能"，引发自身职业技能和社会文化素养更新的内在驱动，随即激活"呼吸功能"，并向产业工人转化过程提供能量支持，提升其职业化与市民化水平，直至建筑产业工人身份形成，即完成"萌发"。在种子萌发理论视角下，建筑业农民工培训系统借助建筑业农民工内在驱动力模块、培训体系模块和外在模块有机组成的动力系统，发挥吸收转化功能、供给水合功能与调控功能，从量变到质变逐步推动建筑农民工身份状态从农民工不断更新自身知识技能文化素养向高素质、高技能的产业工人转变。

因此，本研究致力于基于种子萌发理论的建筑业农民工培训系统构建，以期达到促进农民工种子"发育"和"萌发"，最终实现向建筑产业工人转化的目标。那么，种子萌发理论视角下的建筑业农民工培训系统影响因素是什么？培训系统要素是什么？功能有哪些？系统运行机理是什么？系统功能如何提升？本研究将围绕这些关键问题而展开，即为培训系统影响因子体系构建、培训系统构建、培训系统运行机理、培训系统功能提升，分别回应本研究建筑业农民工向产业工人转化培训系统中为什么这么构建、系统是什么、系统如何运行、系统功能如何提升等关键问题。运用经典的质性研究和量化研究理论，结合适当的研究方法，对上述各关键问题进行探讨分析。

2.4.2 研究要点

具体而言，本研究"3.建筑业农民工培训影响因素研究"中，主要回答影响培训系统运行的驱动因素有哪些这一问题。将综合运用人力资本理论、扎根理论进行质性研究，通过文献梳理、实证调研和专家访谈相结合的质性研究方法，运用数据编码将资料进行分解、概念化并重新组合，借助 QSR NVivo10 软件进行开放编码、轴心编码、选择编码分析，根据质性分析结果提出建筑业农民工系统化培训影响因素层次体系图，为培训系统的构建奠定基础。

本研究"4.基于种子萌发理论的建筑业农民工培训系统构建"中，运用种子萌发理论构建以萌发为核心运动特征的系统整体结构，回答了培训系统如何构建、系统有哪些要素组成、要素功能是什么等问题，具体包括培训系统要素、系统结构、系统功能，借助这套系统回答如何基于种子萌发理论提出建筑业农民工向产业工人转化模型，解构建筑业农民工培训动力系统理论模型，检验建筑业农民工培训现状。

本研究"5. 基于种子萌发理论的建筑业农民工培训系统运行机理研究"中，运用系统工程理论回答培训系统如何运行问题，即提出建筑业农民工培训系统运行机理的理论模型并加以验证，结构方程分析的理论模型、确定动力系统的潜在变量与观测变量，进行展开实证分析，包括建筑业农民工培训系统运行机制及其结构方程模型构建、变量的测量、调查问卷、数据描述性统计分析、信度和效度分析、模型假设检验、模型验证、模型修正、结果分析，为培训系统应用提供路径依据。

本研究"6. 提升建筑业农民工培训系统功能的对策研究"中，旨在回答系统功能如何提升问题。一是结合种子萌发理论，针对性运用二元 Logistic 分析模型分析农民工参与系统化培训的影响因素（农民工内在模块）；二是借助系统型理论的培训需求、培训计划、培训实施、培训评估四个环节，并运用胜任力模型及柯氏四级培训评估模式支撑整个实施模块架构（培训实施模块）；三是运用学习组织理论分别针对政府、行业机构和建筑企业（外部环境模块）提出相应的建议。

3 | 建筑业农民工培训影响因素研究

扎根理论适用于根据一般社会现象提出理论概念并予以明晰化，通过广泛搜集和深入分析质性数据，从实践经验和模型中挖掘基础概念的内涵及外延，进而构建相应的理论模型。相较于量化研究方法，由于该理论重在分析那些未获清晰界定或者无法采用既有理论进行推导的社会现象，而且此种质化研究的流动的、演进的及动态的本质，更能在探索性研究中获得固有理论预设之外的收获，因此非常契合本研究需要。为此，本章基于大量的文献梳理、实证调查、行为事件访谈和深度访谈等研究方法，采用数据编码将资料进行分解、概念化，并重新组合，运用 QSR NVivo10 软件进行开放编码、轴心编码、选择编码分析，根据质性分析结果提出建筑业农民工系统化培训影响因素体系，为建筑业农民工向产业工人转化培训系统构建奠定基础。

3.1 研究思路

当前，我国并未构建起科学有效的建筑业农民工培训系统，条块化培训色彩浓厚，且多局限于职业技能培训，培训多流于形式、培训效果普遍较差。由于建筑业农民工系统化培训是一个涉及诸多问题的系统工程、动态过程，因此有必要深入机制层面探究建筑业农民工培训系统运行机理形成的内在机理，寻求借助新的方法论指导培训系统构建。扎根理论擅长并广泛应用于针对某种现存理论体系不完善或是实证研究不足的复杂现象研究，能够有效识别和解释未知领域里还未得到清晰界定或者难以通过既有理论推导的社会现象[104]。本研究引入扎根理论研究范式，多次深入建筑施工一线挖掘、收集相关数据和一手资料，应用相应理论挖掘建筑业农民工培训系统中的未知变量，寻找变量之间的关系，真正置身于建筑业转型升级和新型建筑工业化时代背景中进行质性研究，提炼建筑业农民工培训系统的影响因素，构建建筑业农民工系统化培训影响因素体系的理论模型，如图 3.1 所示。

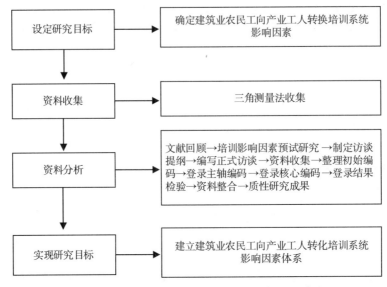

图 3.1 建筑业农民工培训系统影响因素体系构建步骤

3.2 建筑业农民工培训影响因素构建基础

3.2.1 资料收集

本研究采用访谈、文本分析、民族志相结合的三角测量法进行资料搜集，以获取可信度高的原始数据资料，确保有充分准确的经验事实作为支撑。为了确保数据资料的效度和信度，本文将遵循三角测量法的范式，重点采用文本分析与深度访谈相结合的方法收集资料。第一，文本主要来源于中国知网、万方数据库等电子数据库及建筑业协会资料、国家政策法规、新闻报道及公众媒体资料等。通过文本资料的收集整理、分析，初步得出影响建筑业农民工系统化培训的关键影响因子，以此为基础，罗列培训系统各相关方的访谈提纲要点。第二，访谈是非常基本的具有指向性的谈话。由于作为研究对象的建筑业农民工受教育程度普遍较低，质性研究中的行为事件访谈法尤为适用。行为事件访谈最先用于确定胜任力特征，是一种开放式的回溯探索方法。被采访者通过对具体事件的回溯，回答事件发生的始末及自身的感受，需要采访者层层追问挖掘事件的内涵。与培训相关的其他主体访谈则采用深度访谈法，访谈对象对被访事件的了解比较全面，研究者个人见解根据具有前瞻性。通过对建筑业农民工培训系统中各相关方对象的深度访谈，可以更直观地获得培训影响因素的一手资料。

3.2.2　扎根理论适用性分析

扎根理论的要义是从经验资料的基础上建立理论框架。该理论虽依赖经验数据，强调从实证资料进行理论提升，但本质上并非经验性，而是从经验事实中抽象出新的概念和思想，从深入分析资料中逐步形成理论框架。研究者应当对理论保持高度敏感性，注意捕捉新的构建理论线索，同时在资料和资料之间、理论和理论之间不断进行对比，从资料中初步生成的理论作为下一步资料抽样的标准，根据资料与理论之间的关联性提炼出有关的类属及其属性[105]。鉴于原始资料、研究者个人见解及前人研究成果之间存在三角互动关系，研究者还应当能够灵活运用文献，结合原始资料和个人判断，做出科学、合理的理论性评价和解释[106]。

扎根理论对于建筑业农民工培训影响因子体系质性研究具有重要的指导意义。建筑业农民工培训系统涉及建筑业农民工、建筑企业、建筑行业、培训机构、政府及社会力量各层级、各参与方的利益诉求，需要从系统理论出发构建建筑业农民工系统化培训影响因子体系。为确保建筑业农民工系统化培训影响因子体系的科学性和完整性，应当按照扎根理论的理论思路，通过广泛的问卷调查、深入的部门及专家访谈，结合文献分析和规范分析等研究方法手段提取建筑业农民工培训系统运行的相关影响因子，然后依据不同层级、不同利益主体诉求等标准对影响因子进行分析归类，确定因子间的相互关系，剖析影响建筑业农民工系统化培训的深层因素及最根本影响因子，最终构建完整的建筑业农民工培训系统影响因素体系。

3.2.3　扎根理论研究设计

扎根理论的关键在于资料、数据的搜集和分析。为确保原始资料数据具有较高的可信度和充分的经验事实依据，扎根理论强调采用访谈、文本分析、民族志等方法进行资料收集。资料分析的主要任务是对数据进行编码，这是将资料数据提升为理论的关键环节，编码所生产的代码则成为所形成理论体系的构成要素。一般将编码划分为开放式编码、主轴编码、核心编码。

（1）开放式编码

开放式编码，也称初始编码或一级编码。开放式编码具有开放性，是对数据内容进行定义的过程，因而往往需要通过逐词、逐行、逐个事件编码来完成[107]。在开放式编码过程中，应当尽量搁置或者抛弃个人成见和理论定见，时刻保持一种开放的心态和眼界，将经由访谈、备忘录等方式获得的数据资料整合成较为规范有序的原始描述或陈述性语句，并依据其所呈现出来的状态进行登录，挖掘和发现概念类属，并对有关概念类属进行命名，以确定其属性和维度，然后对研究现象加以命名及类属化[108]。

（2）主轴编码

主轴编码，也称聚焦编码或二级编码。主轴编码的主要任务是发现和整理概念类属之间的各种联系，以表现资料中各个部分之间的有机关联，研究者每次只围绕某一个概念类属进行深度分析并寻找关联性[109]。研究者需在分类整合初始编码形成数据资料的基础上，进一步完善概念类属并寻找代码之间的关联性，最终抽象出一个核心范畴。概念类属的关联性分析应考虑概念类属本身的关联，探寻表达这些概念类属的被研究者的内在意图和动机，并将其置于当下语境及其所处背景进行通盘考查。

（3）核心编码

核心编码，也称选择编码或三级编码，主要指在所有已发现的概念类属中经过系统分析以后选择一个"核心类属"，将分析集中到那些与该核心类属有关的码号上[110]。与其他概念类属相比，核心类属通常具有统领性，能够将大部分研究结果囊括在一个比较宽泛的理论框架下，推动数据分析过程更加连贯有序地开展。鉴于译码顺序和流程是动态的，而不是一成不变的，研究者在实际运用扎根理论的过程中通常要根据特定的研究需要，选择相应的译码程序。

本章通过扎根理论的开放编码、主轴编码、核心编码三个阶段得到最终的理论模型。

3.3 建筑业农民工培训影响因素预试研究

本研究首先着力于建筑业农民工系统化培训相关文本资料的收集工作，力求获得第一手原始资料，为访谈提纲的设定奠定坚实的基础，弥补访谈中理论深度的不足。本研究主要从专家学者已发表的论文、新闻采访资料及行业资料这三个领域收集文本资料。目前，虽然已有相当一部分学者对建筑业农民工培训影响因子做了一定程度的分析总结，但由于各自采用的研究方法和视角并不一致，因而所提炼的影响因子不可避免地会存在不同程度的差异。本文尝试借助文献沉淀法来分析、归纳和确定建筑业农民工系统化培训的相关影响因子，利用中国知网数据库的学术统计功能了解建筑业农民工培训问题的研究趋势。近年来中国建筑业农民工问题研究多数聚焦在施工企业管理、包工头、工伤保险、农民工工资等诸多方面，但聚焦在农民工培训的文献并不多见，合并"培训"相关关键词累计文献量仅占建筑业农民工文献总量的1.86%。

通过运用万方数据库，以"建筑业农民工＋培训"为主题词搜索文献，相关文献量共计408条。根据万方关键词词云的显示，建筑业农民工培训相关的文献中，大多聚焦于职业技能培训、安全培训、培训保障及培训相关方的探讨，鲜见关于培训系统的研究，如图3.2所示。

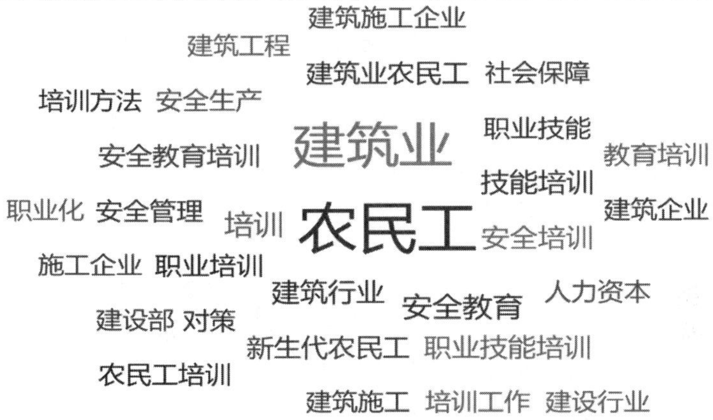

图 3.2　建筑业农民工培训研究关键词词云

为保证文献分析的时效性与科学性，综合中国知网、万方数据库的文献出现年份进行统计分析，本文选取培训相关文献初刊年份在2004年以后、被引频次超过6次以上的期刊论文和硕博论文共34篇。经由这34篇文献的分析研究提出相应的影响因子，如表3.1所示。

表 3.1　研究者提出的影响建筑业农民工转化为产业工人培训影响因子

序号	研究者	研究时间	文献名称	影响因子
1	华乃晨	2012	建筑业新生代农民工就业培训模式研究	1. 政府政策　2. 积极性　3. 就业形势　4. 培训内容　5. 培训模式　6. 企业意愿　7. 资金
2	刘秀敏，刘秀娟	2016	建筑业农民工职业素质提升对策研究	1. 老龄化　2. 文化水平　3. 人口流动　4. 培训机制
3	易著梁	2014	建筑业农民工职业培训问题的探讨	1. 政府政策　2. 培训模式
4	陈贵业	2006	建筑业农民工职业技能培训研究	1. 培训模式　2. 素质水平　3. 资金　4. 培训机制

（续）

序号	研究者	研究时间	文献名称	影响因子
5	于飞，苏欣	2009	建筑业农民工职业技能培训探析	1. 政府政策　2. 文化水平　3. 培训机制
6	李华一	2007	建筑业农民工问题研究	1. 培训机制　2. 素质水平　3. 人口流动
7	戎贤，张昆，刘平	2012	建筑业农民工培训问题博弈研究	1. 积极性　2. 培训模式　3. 政府政策　4. 资金
8	赵亮，苑帅帅，于琳	2015	建筑业农民工培训体制改革分析与建议	1. 政府政策　2. 培训机制　3. 积极性
9	谢芬芳，谢新会，李彤	2008	建筑业农民工培训机制浅析	1. 政府政策　2. 培训内容　3. 培训模式
10	袁其义	2008	建筑业农民工培训工作存在的问题及对策	1. 积极性　2. 企业意愿　3. 政府政策　4. 资金
11	王春林	2011	建筑业农民工培训不足问题及其解决路径研究	1 积极性　2. 企业意愿　3. 师资因素　4. 培训内容　5. 资金
12	唐华	2013	建筑业农民工就业培训之我见	1. 培训机制　2. 政府政策　3. 价值导向
13	蒋凤昌，周桂香，奚友方，居平国，沈兵瑞	2014	建筑业农民工技能培训的现状与对策研究	1. 积极性　2. 培训机制　3. 企业意愿　4. 政府政策　5. 资金
14	沈淑娴	2016	建筑业农民工发展现状分析	1. 老龄化　2. 文化水平　3. 培训模式
15	赵建超	2014	建筑业技能型人才培养模式研究	1. 积极性　2. 资金　3. 人口流动　4. 培训内容　5. 企业意愿
16	张英敏	2013	加强建筑业农民工培训推进农民工职业化进程	1. 文化水平　2. 人口流动　3. 积极性　4. 培训模式
17	张娟	2012	湖南省建筑行业农民工职业技能培训的问题与对策研究	1. 积极性　2. 企业意愿　3. 政府政策　4. 资金
18	郭志敏，李艳，周士敏	2017	河北省新生代农民工职业技能提升培训供给分析研究	1. 培训内容　2. 培训机制　3. 培训模式
19	韩琳	2013	河北省建筑业农民工职业培训研究	1. 积极性　2. 培训机制　3. 培训内容　4. 资金

（续）

序号	研究者	研究时间	文献名称	影响因子
20	王晓明，陈玉水，彭盈	2007	对健全建筑业农民工培训工作的一些思考	1. 培训支出　2. 培训模式 3. 积极性　4. 培训机制 5. 培训内容
21	王锁荣	2008	对建筑业农民工培训的现状分析与建议	1. 培训机制　2. 积极性 3. 老龄　4. 政府政策
22	大连市建筑行业协会调研组	2014	大连市建筑业培训工作情况调查及建议	1. 企业意愿　2. 政府政策 3. 培训内容
23	刘荣福，高建华	2013	"8090后"建筑业农民工培训问题研究	1. 资金　2. 企业意愿 3. 人口流动
24	柳娥，蒋爱群，李菁	2005	农民工培训现状及培训需求调查报告分析	1. 培训模式　2. 培训内容 3. 积极性
25	汪昕宇，陈雄鹰	2016	北京新生代农民工培训现状与需求倾向分析	1. 积极性　2. 培训内容 3. 培训模式　4. 培训时间
26	李广	2017	建筑行业农民工培训现状及对策研究	1. 积极性　2. 培训内容 3. 培训时间　4. 政府政策 5. 文化水平
27	蒋凤昌，周桂香，奚友方，居平国，沈兵瑞	2014	建筑业农民工技能培训的现状与对策研究	1. 积极性　2. 企业意愿 3. 政府政策
28	韩永光	2014	建筑业农民工职业教育管理研究	1. 培训模式　2. 培训内容 3. 师资因素　4. 培训机制
29	徐建军	2013	我国农民就业培训模式研究	1. 资金　2. 人口流动 3. 企业意愿　4. 培训模式 5. 管理体制　6. 培训内容
30	王丽玫	2011	建筑农民工"三营四建"培训体系的构建研究	1. 资金　2. 培训机制 3. 培训模式　4. 培训内容 5. 管理体制
31	王道权，周先军	2011	建筑农民工业余学校建设之羁绊探究	1. 资金　2. 积极性 3. 培训机制　4. 企业意愿
32	于飞，苏欣	2009	建筑业农民工职业技能培训探析	1. 政府政策　2. 培训机制
33	郝婷	2012	农民培训长效机制研究	1. 培训模式　2. 培训内容 3. 培训时间　4. 资金 5. 培训机制　6. 培训次数
34	杜永杰	2017	中国建筑业农民工转化为产业工人的动力机制研究	1. 培训内容　2. 培训体系 3. 资金　4　培训考核

从各因子的统计频次可见（图3.3），培训支出、农民工参与培训的积极性、政府政策举措、企业提供培训意愿、培训模式、培训内容设计及培训机制等无疑是建筑业农民工系统化培训的重要影响因子。此外，对于新闻资料的搜集，本文从收集到的新闻媒体可信赖度、专业权威度、发布时效性，以及被采访对象的职务职称、发言主旨等因素，筛选出与本论文研究相关的新闻资料，如表3.2所示。内部资料则主要是近五年来福建省建筑行业培训手册及领导讲话。

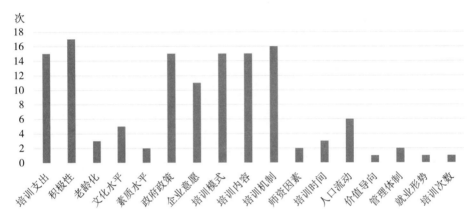

图 3.3　各影响因子出现频次

表 3.2　建筑业工人培训相关新闻采访资料

受访者职位	新闻来源及标题	发布时间
尉犁县住建局党组副书记、局长	人民资讯：《常态化开展建筑领域技术工种培训 培育新时代建筑产业工人队伍》	2022 - 06 - 08
中国建筑第八工程局有限公司南方分公司	建筑时报：《打造产业工人培训新模式》	2021 - 12 - 16
全国人大代表、中铁四局集团有限公司总经理	中国建设新闻网：《全国人大代表王传霖：让建筑业企业加速走上"品质建造"之路》	2019 - 03 - 08
人社部职业能力建设司有关负责人	中国经济网：《加强职业技能培训 助新生代农民工就业创业》	2019 - 02 - 15
全国人大代表、重庆建工第三建筑有限责任公司劳务班组长	搜狐网：《有效提高建筑业农民工职业技能培训》	2018 - 03 - 17
人社部相关负责人	人民日报：《培训跟上，打工不慌》	2016 - 08 - 16
农业部副部长、党组副书记	中国农村远程教育网：《危朝安副部长在两会新闻中心接受采访谈农民教育培训和"百万中专生计划"》	2008 - 03 - 11

通过以上三个主要渠道的文本资料搜索分析，本文提炼出建筑业农民工向产业工人转化的系统关键影响因素是培训支出、农民工积极性、政府政策、企业意愿、培训模式、培训内容、培训机制。

3.4　建筑业农民工影响因素编码提取

3.4.1　编码提取思路

通过上述章节文本资料和访谈资料的收集，本节将运用扎根理论进行资料编码分析。资料分析的基本思路是按照一定的标准将原始资料进行浓缩，通过各种不同的分析手段，将资料整理为一个有一定结构、条理和内在联系的意义系统[111]。本文尝试借助此分析范式，将资料看成一个阶梯自下而上不断地对资料进行抽象，遵循以下程序步骤逐次展开：第一，通过整理原始资料建立一个可供分析的文本并进行登录，采用写分析型备忘录的方法对文本进行意义解释，寻找登录类属；第二，通过写分析型备忘录寻找资料存在的各种意义关系，发现资料内容中的重点和空白点，确认资料内容的主题和基本趋向；第三，在前两个步骤基础上构建一个对应的研究结论并进行相关分析和检验，同时进一步浓缩资料，分析资料中呈现的基本趋势，进而将资料整合为一个解释框架，描绘出资料的深层结构[112]。

3.4.2　解析开放式编码

编码的第一个环节是开放式编码，目的在于对原始访谈资料中任意可以编码的事件、片段赋予概念标签并形成范畴，要求将所有资料依据其本身所呈现的状态进行登录[110]。开放式登录的过程类似一个漏斗，开始时登录的范围比较宽，随后不断地缩小范围，直至码号出现饱和。本研究的资料主要来源于学者观点、建筑领域相关机构新闻采访报道、农民工访谈、建筑企业访谈、政府部门访谈、行业协会访谈、高校专家及培训机构访谈。资料整理中，笔者严格将访谈内容通过录音转化为文本资料进行编录，最终采用扎根理论常用编码软件 QSR NVivo10 进行开放式编码。

通过运用编码软件 QSR NVivo10 对以上访谈材料进行开放式编码（图3.4），总共提取并形成包括工人培养计划、培训考核制度、培训基地等 56 个初始代码，具体如表 3.3 所示。

图 3.4　运用 QSR NVivo 软件操作的开放式编码提取示例

表 3.3　建筑业农民工转化为产业工人的培训系统影响因子识别

变量	影响因素	变量	影响因素
1	工人培养计划	15	培训自我认知
2	培训考核制度	16	培训专项经费
3	培训基地	17	职业提升通道
4	配套政策	18	岗位培训计划
5	行业评优	19	持证上岗
6	培训机构参与	20	培训考核与培训发证
7	校企互动	21	考核等级与薪酬匹配
8	社会资本参与	22	技能分级管理
9	培训年度计划	23	培训模式创新
10	监督管理	24	农民工业务学校创建
11	营造环境	25	集中培训基地建设
12	企业资质管理	26	行业准入
13	个人因素	27	信用体系建设
14	吸收转化能力	28	社会责任

（续）

变量	影响因素	变量	影响因素
29	培训与企业评优	43	监管培训考核工作
30	培训课程体系建设	44	媒体宣传
31	培训评估体系	45	就业环境
32	用工与就业市场体系	46	培训与招投标
33	网上培训学校	47	培训与诚信体系
34	互补企业培训基地建设	48	培训与工程评优
35	校企联合招生培养	49	农民工年龄
36	社会资本与政府合作	50	农民工家庭构成
37	社会资本与培训机构合作	51	农民工从业经历
38	财政预算	52	农民工文化水平
39	职能分工明确	53	农民工实践能力
40	培训信息化网络建设	54	农民工技能知识
41	政府规划指导	55	培训就业预期
42	评估培训考核机构	56	培训收入预期

3.4.3 提取主轴编码

主轴编码的分析对象是基于第一阶段初始编码、范畴化所形成的原生代码，即众多略显无序的初始概念，其主要任务就是发现和建立概念类属之间的各种联系，以表现资料中各部分之间的有机关联[113]。经由提取主轴编码的研究范式和不断对比挖掘过程，本文概括提取出 5 个主范畴，分别是建筑企业用工管理范畴、建筑行业管理范畴、社会力量参与范畴、政府监督管理范畴、农民工自身范畴，如表 3.4 至表 3.9 所示。

表 3.4 建筑企业用工管理典型范例

事项	说明	事项	说明
原因条件	行业竞争激烈	现象	用工管理不当
情景	应该逐级明确责任人	中介条件	提供培训机会
行动策略	薪酬分配、技能鉴定	结果	调动农民工培训积极性

表 3.5 建筑行业管理典型范例

事项	说明	事项	说明
原因条件	经济结构的调整	现象	对劳动力的素质要求不断提高
情景	制约农民工就业	中介条件	配套政策
行动策略	形成评价指标体系	结果	培训与企业评优挂钩

表3.6 社会力量参与典型范例

事项	说明	事项	说明
原因条件	企业经济效益差、经费投入难	现象	社会资本投入
情景	整合优化资源	中介条件	规范培训宣传内容
行动策略	处理好工作和学习之间的矛盾	结果	校企合作，提升培训效果

表3.7 政府监督管理典型范例

事项	说明	事项	说明
原因条件	制度政策不够完善	现象	培训容易流于形式，滋生弄虚作假
情景	修改企业资质标准	中介条件	财政预算
行动策略	增强监督管理、营造环境	结果	优化培训

表3.8 农民工自身典型范例

事项	说明	事项	说明
原因条件	自身条件、生活条件	现象	跟随师父学习
情景	市场建筑水平提高	中介条件	企业提供培训机会
行动策略	参加培训	结果	提高技能，提升薪酬

表3.9 建筑业农民工培训系统影响因素编码统计分析

主范畴	对应范畴	参考点	原生代码
建筑企业用工管理	工人培养计划	55	培训专项经费、职业提升通道、岗位培训计划、持证上岗
	培训考核制度	58	培训考核与培训发证、考核等级与薪酬匹配、技能分级管理、创新培训模式
	培训基地	14	创建农民工业余学校、建立集中培训基地
建筑行业管理	配套政策	32	行业准入、信用体系建设、社会责任
	行业评优	6	培训与企业评优
社会力量参与	培训机构参与	18	培训机构课程体系建设、培训评估体系、用工与就业市场体系建设、网上培训学校
	校企互动	10	构建与企业培训基地互为补充的网络体系、开展校企联合招生培养
	社会资本参与	20	社会资本与政府合作、社会资本与培训机构合作
政府监督管理	培训年度计划	38	财政预算、明确职能分工
	监督管理	44	培训信息化网络、政府规划指导、评估培训考核机构、监管培训考核工作
	营造环境	10	媒体宣传、就业环境
	企业资质管理	6	培训与招投标、培训与诚信体系、培训与工程评优

（续）

主范畴	对应范畴	参考点	原生代码
	个人因素	8	年龄、家庭构成、从业经历
农民工自身	吸收转化能力	11	文化水平、实践能力、技能知识
	培训自我认知	11	培训就业预期、培训收入预期

3.4.4　归纳核心编码

通过主轴编码提取建筑业农民工培训系统影响因子的主范畴之后，需要进一步挖掘各主范畴之间的逻辑关联，将主范畴联系起来，并将研究结论涵盖在一个相对宽泛的理论框架下，思考总结一个可以扼要解释说明全部现象的核心。同时，深入分析各主范畴及其对应范畴与建筑业农民工向产业工人转化培训系统之间的作用关系。通过对主轴编码中获取的五个主轴范畴及其对应的范畴进行深入的分析和挖掘，结合本文收集的原始资料进行不断比较，本文获取了建筑企业用工管理因素、建筑行业管理因素、社会力量参与因素、政府监督管理因素、农民工自身因素，推导出建筑业农民工向产业工人转化培训系统的核心范畴，形成了建筑企业用工管理范畴、建筑行业管理范畴、政府监督管理范畴、社会力量参与范畴和农民工自身范畴，以及建筑业农民工培训系统影响因子体系构建的作用路径，如图 3.5 所示。

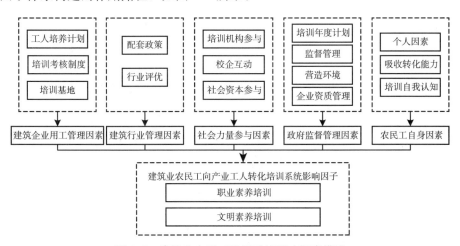

图 3.5　建筑业农民工培训系统影响因素模型

3.5 信度与效度分析

3.5.1 信度检验

对于质性分析内容信度检验，一般采用归类一致性指数（CA）和编码信度系数（R），归类一致性指数指的是对编码归类共同同意数占归类总数的比例[114]。公式可表达为：

$$CA = \frac{N \cdot M}{T_1 + T_2 + \cdots + T_N} \qquad (3.1)$$

式（3.1）中，N 表示参与编码的人员数，M 表示编码人员相互同意的项目数，T_1 表示第一位编码人员设定的编码数，T_2 表示第二位编码人员设定的编码数，T_N 表示第 N 位人员设定的编码数。计算出 CA 后，根据内容信度公式求得研究的信度 R：

$$R = \frac{N \cdot CA}{1 + (N-1) \cdot CA} \qquad (3.2)$$

在此基础上，根据本章节研究过程中编码人员 2 名、开放式编码数 15 来计算本文的可信度，结果如表 3.10 所示。

表 3.10 编码者归类一致性及编码信度系数

被试编号	CA	R	被试编号	CA	R	被试编号	CA	R
01	0.833	0.909	06	0.759	0.863	11	0.833	0.909
02	0.727	0.842	07	0.705	0.827	12	0.800	0.823
03	0.884	0.939	08	0.833	0.909	13	0.789	0.882
04	0.737	0.848	09	0.750	0.857	14	0.827	0.905
05	0.860	0.925	10	0.667	0.800	15	0.833	0.909

由表 3.10 可得，开放式编码的可信度系数 R 均值为 0.876，编码可信度 R 一致性大于 0.8 即为可接受信度，因此建筑业农民工培训系统影响因素编码结果通过信度检验。

3.5.2 效度检验

质性研究的效度检验主要从真实性、可转换性及可靠性三方面进行效度分析。其中，真实性指资料真实的程度，可转换性指能否将受访者所陈述的感受与经验有效地描述并转换成文字描述，可靠性指透过研究过程与决策说明取得可靠性资料。基于此，本文采用质性研究的三角测定法来进行效度评定。

研究资料的"三角校验"：即综合运用访谈资料（一手资料）和文本资料（二手资料）相结合的方法。访谈提纲聚焦，针对从文本资料提炼出的关键影响因子编写访谈提纲进而深入调研。文本资料的搜集则包含学者观点、新闻资料搜集等多种途径。资料收集的全面性、确实性，可以确保研究者能够更真实、全面地了解建筑业农民工培训系统中各相关方的影响因素。

研究者的"三角测定"：即研究者与从事相关研究的同行及专家分享、交流和研讨研究成果的过程。通过同行及专家的多次书面和口头的评论、批评与建议，推动了本研究成果的不断深入完善。

研究方法的"三角校验"：即综合运用文献调查法、观察法、思辨法、行为研究法、比较研究法来进行资料分析和总结。研究方法的综合运用为本次研究的效度打下了扎实的基础。此外，研究者邀请研究对象来确认或修正研究者提出的分类、解释与研究结论的过程，这一策略对本章节质性研究成果的提出具有重要作用。

3.6　研究发现

基于扎根理论构建的模型可知，建筑业农民工培训系统的良性运作深受建筑企业用工管理因素、建筑行业管理因素、社会力量参与因素、政府监督管理因素和建筑业农民工自身因素五个层面因素的影响。由此可见，建筑业农民工系统化培训影响因子包括了以上五个因素范畴。

建筑业农民工自身范畴：建筑业农民工的主动能力性、吸收转化能力、培训自我认知是培训系统的直接影响因子和内在驱动力，直接涉及建筑业农民工职业化培训和市民化培训。其中，职业化培训与建筑企业用工管理情况、建筑行业管理情况、社会力量参与情况、政府监督管理情况等影响因子直接相关；市民化培训则与农民工自身情况及政府监督管理情况直接相关。后续的深入访谈和调研表明，农民工自身所具备的文化素养及潜在的对培训知识的吸收转化能力，对于农民工职业素养的提升至关重要。

建筑企业用工管理范畴：建筑企业对工人的培养计划、薪酬制度、技能鉴定、培训基地、职业提升通道、培训专项经费等的用工管理情况至关重要。

建筑行业管理范畴：建筑行业的职业准入、培训配套政策、工人持证上岗、行业评优、培训成效考核体系及行业监督的执行程度可以显著影响建筑行业管理水平。

政府监督管理范畴：政府对建筑企业的监督管理，往往是出台相应的行业政策，通过推动行业技术进步，进而促进企业开展相关的职业素养培训工作。

此外，培训年度计划安排、监督管理情况对政府监督管理情况产生显著影响。

社会力量参与范畴：培训机构和科研机构的参与情况、校企互动和社会资本的融入程度直接决定着社会力量参与的效果。

对建筑业农民工培训系统动力来源进行分析，结果表明：动力主要来源于建筑企业驱动力模块、建筑行业驱动力模块、社会力量驱动力模块、政府驱动力模块、农民工自身驱动模块这五大模块。本小节内容为后续研究的开展奠定了基础，后续研究将围绕系统如何构建、各动力模块之间的关系进行分析和论证。

3.7　本章小结

建筑业农民工培训系统是一个有机整体，涉及建筑业农民工、建筑企业、建筑行业、政府及社会力量各层级、各参与方的利益诉求。因此，必须充分了解系统中各层级、各参与方的利益诉求，才能针对性提出政策建议，从而确保整个培训系统能够良性运转。扎根理论对于建筑业农民工系统化培训影响因子体系构建具有重要的指导作用。第一，资料收集是整个研究的第一步。为获取可信度高的原始数据资料，确保以充分的经验事实作为支撑，本文将遵循扎根理论常用的三角测量法，采用文本分析与深度访谈相结合的方法搜集信息。第二，资料分析。基于扎根理论中的资料分析法，逐步获取建筑业农民工培训系统的核心范畴，形成建筑企业用工管理范畴、建筑行业管理范畴、社会力量参与范畴、政府监督管理范畴、建筑业农民工自身范畴对建筑业农民工培训系统影响因子体系构建的作用路径。第三，质性研究结果。基于扎根理论构建的模型可知，建筑业农民工培训系统的构建受到建筑企业用工管理、建筑行业管理、社会力量参与、政府监督管理、建筑业农民工自身这五个因素不同程度的影响。第四，信度与效度检验。采用访谈资料和文本资料相结合的方法，全面真实了解建筑业农民工培训系统中的各相关方影响因素；采用定性和定量研究相结合的混合方法，对本文质性研究成果的提出具有重要作用。

4 │ 基于种子萌发理论的建筑业农民工培训系统构建

建筑业农民工培训系统是一个涉及诸多方面的系统性工程和可能存在反复、动态的过程。因此，在完成系统化培训影响因素体系构建之后，尚需深入机制层面探究系统形成的内在机理，力求以新的理论指导培训系统构建。基于此，本章将借助路径依赖理论和种子萌发理论探寻培训系统的运行规律，并依照"系统要素-系统结构-系统功能"机理逻辑深入分析培训系统的运行机理，以期实现系统理论模型的构建。

4.1 研究思路

本章节研究的目的在于了解建筑业农民工向产业工人转化的培训系统构建。建筑业农民工向产业工人转化的目的是提升建筑业劳动力的人力资本。人力资本的提升是一个过程、是一种状态的转变，这种转变对于农民工群体来说具有一定的概率性。目前，理论界尚未有确定的理论来解释这种转变现象。因此，本章节在探讨农民工向产业工人转化培训系统构建时需运用类比移植法，将其他领域较为成熟、完善，且与本研究主题相似性较高的理论作为本章节系统构建的理论基础。结合第 2 章种子萌发理论适用性分析及第 3 章研究成果，本章节将深入探讨种子萌发理论视角下建筑业农民工培训系统要素、系统结构、系统功能，以期解答培训系统是什么的问题，然后以种子萌发理论审视现阶段培训系统要素，找出问题根源所在，为后续章节的系统机理研究奠定基础，如图 4.1 所示。

4.2 基于种子萌发理论的建筑业农民工培训系统要素

4.2.1 培训种子——农民工

对种子来说，自身条件是很重要的。萌发需要种子自身具有较强的生命力和完整的胚，是一颗健康、可以培育的种子。因此，不是所有种子都能实现萌发。不同作物种子的萌发条件是有差异的，它们需要不同的土壤养分供给，在

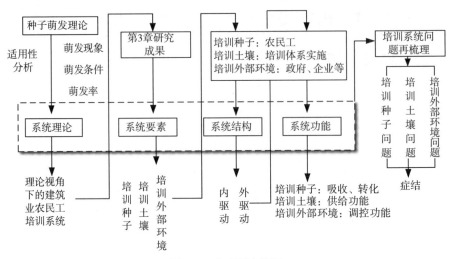

图 4.1　本章研究框架

不同的适宜温度和湿度下开始萌发。初始阶段的温度差、压力差促使种子开启吸水初始发育步骤，进而激发内在发育循环系统，通过代谢、吸胀、呼吸最终实现种子萌发。不同种子的萌发率是不一样的，有的作物种子萌发率很高，有的就较低。

种子发育群体的概率性、个体的特异性、发展阶段的差异性为建筑业农民工培训系统的规划、实施奠定了理论基础。作为我国建筑产业工人的主力大军，建筑业农民工群体普遍呈现的素质低、技能弱等正逐步成为我国建筑产业转型升级和新型建筑工业化的掣肘，因此需要重视对农民工种子的培育。在种子萌发理论视角下，种子萌发的初始阶段吸水是至为关键的，吸水的原因不仅仅在于自身需求，更在于外界环境给予的温度差和压力差，促使建筑业农民工从静止的种子状态进入吸水状态，进而开启高水平的活性代谢，即在吸取建筑业农民工向产业工人转化所需的职业化和社会素养培训后，激活建筑业农民工自身内在学习转化的呼吸作用并提供代谢能量，顺利实现身份萌发。

种子自身的条件决定了种子萌发的概率，亦即并非所有的农民工都能实现产业工人的转型。另外，在工业化、信息化的背景下，不同工种的萌发概率也是不一样的。如前述章节研究背景所述，工业化背景下数控模式对工人技能的要求与传统模式对工人技能的要求差别很大。传统工种的消失和新需求工种的出现为农民工不同工种的萌发率提出现实考验。传统建筑业包含木工、混凝土工、钢筋工等在内的16个常见工种，而作为建筑工业化标志之一的装配式建筑施工现场需要的工种需求出现了很大变化，包含吊装工、灌浆工、电焊工、装配工等 6 个工种，工种需求的变化为建筑业农民工培训提出了新的命题，也为农民工向产业工人转型中培训体系的细分实施提供了现实依据。

4.2.2 培训土壤——培训体系实施

对种子来说，除了自身因素以外，与之最直接相关的便是土壤，外界一切的因素（湿度、温度、氧气、阳光等）都是通过作用于土壤让其产生变化，从而传递给种子，促进种子发育。土壤对于种子的重要性是不言而喻的，水分是种子萌发所需最基本的因素，而水分来自土壤。土壤是种子萌发初始步骤就接触到的直接要素，而且是伴随种子发育、成长全过程，给予种子不同阶段、不同营养供给的重要因素。土壤对种子的直接作用及生长周期的重要性，为本研究后续环境的系统评价及提升系统功能运用奠定了理论基础。

在种子萌发理论视角下，对于农民工来说，建筑业农民工培训系统中培训体系实施（包括培训内容、培训师资、培训方式等）就是其成长过程中的土壤。对于农民工而言，建筑业农民工向产业工人转化培训体系实施能够为建筑业农民工的身份转化提供关键土壤条件，系统地、源源不断地向建筑业农民工供给新技能、新知识、新文化、新观念，是满足建筑业农民工向产业工人转化的最为重要的吸水需求。培训体系的实施对于农民工的吸水、吸胀、萌发各阶段的意义十分重大，不同的是各阶段培训体系设置的安排如培训方法、培训师资、培训内容等，需随着农民工人力资本的阶段性提升而呈现出不断升级的状态。建筑业农民工正是从培训系统这个土壤中吸水，成为其身份转化萌发的起始步骤。此外，外部环境给予的支持最终都是通过落实到培训体系的具体实施而作用于农民工，促成其向产业工人的转变。在农民工向产业工人转化的不同发展阶段，培训土壤能根据不同阶段的特点给予不同的知识、技能方面的养分供给，对农民工来说是至关重要的。

4.2.3 培训环境——政府、建筑行业、建筑企业、社会力量

对种子来说，种子是否萌发及哪部分萌发是由种子过去所处的环境条件与当前的环境条件交互作用的结果。种子萌发需要有适宜的温度、充足的水分和适量的氧气。种子吸收足够的水分后，在适宜的温度下就会开始萌动。外部环境是一个复杂系统，各种要素之间相互联系。水分是种子萌发所需要的最基本因素。建筑业农民工向产业工人身份转化，除了对建筑业农民工开展系统培训这一土壤因素外，还受到政府、建筑行业、建筑企业、社会力量等外部环境的影响。在种子萌发理论视角下，作为静止的种子的传统建筑业农民工，在法律政策、时间、机会、资金、社会保障及舆论导向等有利的外部环境条件下更容

易发生水合作用并顺利萌发，实现其产业工人身份转型。例如，建筑业农民工能够与培训体系土壤充分接触并从中吸收水分，可能会受培训时间、培训经费等条件的影响；建筑企业未能提供其一线建筑业农民工必要的向产业工人转化的培训时间，或者建筑业农民工本身无法承受向产业工人转化的培训成本。当然，建筑业农民工也可能通过培训系统外的其他形式吸收技能知识和提高文化素养，不受培训体系的水分补充速率的影响。

4.3　基于种子萌发理论的建筑业农民工培训系统结构

4.3.1　建筑业农民工培训系统结构模型

系统论侧重于系统运动轨道的线性尤其是渐进性的研究[115]。应用动力系统的方法研究建筑业农民工培训系统运行的基本样态和整体结构，有助于阐释该套培训系统运行的内在机理和深层问题，促进培训系统运行规律的抽象归纳。毋庸置疑，系统是由功能有别而又相互关联的各部分有机组成，并为完成共同目标而发挥特定功能的集合体[116]。种子萌发理论视角下建筑业农民工培训系统是建筑业农民工内在驱动力模块、培训系统驱动力模块和由建筑企业、建筑行业及社会配套等构成的外部环境驱动力模块的有机组成的系统。

经由以上关键影响因子组合形成建筑业农民工内在驱动力模块、培训系统驱动力模块和外部环境驱动力模块这三大部分。其中，外部环境驱动力模块是培训系统的外部力量或外部助推力；内在驱动力模块和培训系统驱动力模块则隐含于建筑行业内部，是培训系统发挥内在自发的动力作用或主动力。该培训系统动力源于建筑工人身份转化的动力机制，借此不断积聚萌发能量并向建筑业农民工向产业工人转化持续提供动力，直至实现身份转型。

4.3.2　建筑业农民工培训系统结构分析

结构是组成整体的各个部分之间的搭配、排列、组织等相互之间的耦合关系[117]。建筑业农民工培训系统结构同样存在驱动力系统结构内部各部分的耦合关系。

（1）主动力内部各模块间的耦合互动

主动力包括建筑业农民工内在驱动力模块和培训系统驱动力模块。其中，主动力由包括农民工性别、年龄、受教育程度、培训意愿等建筑业农民工内在动力模块和包括职业化、市民化培训在内的培训系统驱动力模块的关键驱动力构成。我国建筑业一线从业人员以农民工为主，文化程度和文明素养普遍较低。基于此，必须通过系统化培训全面提升建筑农民工的职业化和市民化水平，从而推动建筑业农民工向产业工人转型。

（2）主动力与外部助动力之间的耦合联动

建筑业农民工培训系统的主动力与外部助动力是相互依存、相互影响的整体。一是培训系统主动力对外部助动力的影响。系统化培训可以改善建筑业农民工普遍受教育程度低、缺乏职业技能培训、工作技能相对不足等问题，提高农民工适应城市生活的能力，从而增强农民工获得平等市民权的意愿，促进户籍改革的推进。二是培训系统的外部助动力对主动力的影响。户籍改革有助于消除城乡二元经济格局，提供农民工在城市住房、就业、子女教育等方面的平等待遇，提升农民工参与系统化职业培训的意愿。

4.4 基于种子萌发理论的建筑业农民工培训系统功能

系统的功能一般指特定系统能够满足对象使用者需求的一种属性。在种子萌发理论视角下，建筑业农民工培训系统主要具有吸收转化功能、供给水合功能与供给调控功能。

4.4.1 培训种子功能——吸收转化功能

在种子萌发理论视角下，建筑业农民工向产业工人转型是一个从量变到质变的过程，是建筑农民工身份状态从农民工不断吸取和更新知识技能、文化素质并向建筑产业工人转变的过程。因此，建筑业农民工培训系统的基本功能包括吸收转化功能。借助吸收转化功能，促进培训系统的动力系统运转，提升建筑业农民工的职业化和市民化水平，实现其向高素质、高技能的产业工人转化。

建筑业农民工向产业工人转化培训，即通过对作为种子的建筑业农民工进行系统化培训，建筑业农民工开启"吸水""代谢""吸胀""呼吸"活动，从培训系统中吸收新技能、新知识、新文化、新观念，实现自身知识技能、能力素养的全面提升，破解农民工职业身份与社会身份的双重身份问题，从而真正实现建筑业农民工向产业工人转型。系统化的培训从本质上促进了农民工由被动吸收向自我学习、终身学习的主动成长转变。作为行业中人的因素的不断成长，是行业可持续发展最重要的动力。

4.4.2 培训土壤功能——供给水合功能

在种子萌发理论视角下，作为建筑业农民工向产业工人身份转化的土壤，系统化培训提供建筑业农民工身份转化不可或缺的水分需求。更进一步而言，传统建筑业农民工从培训系统中吸水是实现其身份转化最重要的起始步骤。

根据种子萌发的理论基础，本文建立建筑业农民工培训种子萌发积势模型，描述培训种子萌发与土壤水势关系变化关系：

$$\theta_H = [\Psi - \Psi_b(\kappa)] t_k \tag{4.1}$$

式（4.1）中：θ_H 是建筑业农民工培训的积势常数；Ψ 是建筑业培训种子的水势，即培训后农民工所具备的知识、技能含量；$\Psi_b(\kappa)$ 是农民工群体中某一工种萌发所需要的基础水势或临界水势；t_k 是群体中 κ 工种农民工完成萌发所需的时间。积势模型认为 θ_H 对于特定工种农民工群体来说是常数，因此，当 Ψ 值越高、Ψ 与 $\Psi_b(k)$ 之差越大时，萌发速度越快。那么，如何提高建筑业培训种子的水势 Ψ 值呢？据种子萌发过程中的水势模型即 $\Psi = \Psi_S + \Psi_P + \Psi_m$ 可知：Ψ_S 为溶质势，即培训系统的水势及自身水分的补充速率；Ψ_P 为压力势，即为培训土壤所提供的水势与农民工培训前具备的水势的差值；Ψ_m 代表衬质势，即为建筑业农民工与培训系统接触的紧密程度。传统建筑业农民工的技能较低，很大程度上源于其自身的文化程度较低。建筑业农民工能否持续有效地吸水，往往取决于所处的培训系统的水势及自身水分的补充速率（Ψ_S）。在处于培训课程、时间、方式、费用等内容设计科学合理的持续的培训系统下，提供建筑业农民工身份转化的水合作用所需水分可以得到迅速补充；反之，则水分供给补充速率可能呈指数式下降。建筑业农民工与培训系统接触的紧密程度（Ψ_m）对于建筑业农民工吸水膨胀即实现自身技能、知识、文化和素养吸收提升至关重要，取决于建筑业农民工接触和应用系统化培训程度及自身吸收水分的能力等。建筑业农民工通过培训吸收、提升自身岗位技能和文化素质，反过来也会增加其参与培训的积极性，增加其作为种子与作为土壤的培训体系的接触面积，这本身也是一个相互促进和双向沟通的过程。而培训土壤所提供的水势能否产生足够的压力差，这也是激活培训种子吸水的一个很关键的因素，亦即培训课程的设置、师资的选拔、培训方法的选择、培训时间的安排等培训土壤供给质量带给农民工种子的压力差决定了农民工群体所能达到的水势高度。

4.4.3 培训环境功能——供给调控功能

在种子萌发理论视角下，政府、建筑行业、建筑企业和社会力量等外部条件，均有可能会为建筑业农民工向产业工人转化提供必要的"温度""湿度""氧气"或产生一定的影响和制约作用。如政府着力于顶层规划，为培训系统的构建和应用提供政策规划保障；建筑企业深刻认识和把握建筑行业所处时代背景，正视挑战与把握机遇，切实开展系统化培训，为建筑业农民工向产业工人转化提供支持和保障，推动我国建筑产业升级转型；建筑企业是系统化培训的重要责任主体和直接受益者，应主动承担职责，明确培训目标，提供必要的培训机会、途径和费用，关注和提升培训质量和效果。

对于培训种子来说，温度是除水分之外另一个影响种子萌发的重要环境因素。种子、萌发速率对温度十分敏感，在适宜的温度内种子才能得到健康的萌发。在建筑业农民工培训系统里，对农民工种子有着直接推动作用的便是农民工培训的相关政策与相关模式。政策对农民工培训的支持，以及适合特定阶段特定工种的培训模式都是让农民工种子得以萌发的重要基础。特别是对于吸水阶段的发育，政策是激活农民工内在种子的关键，政府政策对于培训经费的大力扶持、培训模式的引导都能激发农民工参与培训的积极性。当农民工内在种子被激活后，农民工萌发体系就开始启动，进而进入吸收转化、自我成长阶段，政策、模式的作用产生的被动式培训需求，转而由产业工人内在自我学习的培训需求所取代。

4.5　基于种子萌发理论的建筑业农民工培训系统问题再梳理

从上述要素功能分析可以看出，对建筑业农民工来说，自身条件、培训土壤、培训环境都是农民工种子萌发必不可少的要素条件。在不同的发展阶段，各自的重要性有所区别。农民工培训系统的研究要从本质上激活农民工种子内在的积极性，那么就必须重视萌发阶段性特征，尤其是萌发初始阶段即吸水阶段的发育特征。如前所述，种子之所以启动吸水这个萌发起始步骤，关键在于温度差和压力差，有了适合的温度差和足够的压力差，农民工种子才能激活。因此，运用种子萌发理论对培训系统要素进行评价，以期寻求培训系统吸水阶段的症结所在。

4.5.1　种子萌发理论下建筑业农民工培训系统环境要素

（1）建筑业农民工培训政策回顾

20 世纪 90 年代以来，"三农"问题的解决及农村劳动力转移培训问题一直备受党和政府的关注及重视，政府陆续出台了一系列的政策规划来推动建筑业农民工的教育培训工作，以促进和保障农民工教育及培训的良性开展。尤其是近十余年来，中央 1 号文件多次提及农民工培训问题，尤为重视和强调培养经济结构优化调整所需的专业技能人才。近年来，国家积极制定建筑业农民工培训规划和政策（表 4.1），明确提出建筑产业工人队伍建设目标，培训举措逐步完善，建筑业农民工的职业技能水平逐年提升。

表 4.1　建筑业农民工培训相关政策汇总

发文日期	发文单位	文件全称	内容提要
1996	建设部	《全面实行建设职业技能岗位证书制度，促进建设劳动力市场管理的意见》	职业技能培训 培训鉴定
1997	建设部	《关于培育和管理建筑劳动力市场的若干意见》（建建字〔1997〕第 175 号）	培训监管 劳动基地 培训鉴定
1998	建设部	《关于建设职业技能岗位培训与鉴定工作情况和近期工作安排的通报》（建人劳〔1998〕34 号）	培训监管
2001	教育部	《教育部关于中等职业学校面向农村进城务工人员开展职业教育与培训的通知》	职业技能培训 培训资金
2002	建设部	《关于建设行业生产操作人员实行职业资格证书制度有关问题的通知》（建人教〔2002〕73 号）	培训鉴定 持证上岗
2002	国务院	《国务院关于大力推进职业教育改革与发展的决定》（国发〔2002〕16 号）	服务意识培训
2003	国务院	《国务院办公厅关于做好农民进城务工就业管理和服务工作的通知》	就业管理 就业准入
2003	国务院	《国务院办公厅转发农业部门 2003—2010 年全国农民工培训规划的通知》（国办发〔2003〕79 号）	职业技能培训 培训资金 就业准入
2004	国务院	《中共中央　国务院关于促进农民增加收入若干政策的意见》（中发〔2004〕1 号）	职业技能培训 参与积极性 培训资金
2004	国务院	《国务院办公厅关于进一步做好改善农民进城就业环境工作的通知》（国办发〔2004〕92 号）	参与积极性
2005	国务院	《国务院关于大力发展职业教育的决定》（国发〔2005〕35 号）	劳动力转移培训 职业技能培训 创业培训
2006	国务院	《国务院关于解决农民工问题的若干意见》（国发〔2006〕5 号）	就业问题 社会保障问题
2007	建设部、教育部等	《关于在建筑工地创建农民工业余学校的通知》（建人〔2007〕82 号）	业余学校

（续）

发文日期	发文单位	文件全称	内容提要
2008	住建部、人社部	《关于印发建筑业农民工技能培训示范工程实施意见的通知》（建人〔2008〕109 号）	培训资金
2008	教育部	《教育部办公厅关于中等职业学校面向返乡农民工开展职业教育培训工作的紧急通知》	执业教育培训
2009	住建部、人社部	《关于做好建筑业农民工技能培训示范工程工作的通知》（建人〔2009〕123 号）	培训监管培训资金
2009	人社部	《关于进一步规范农村劳动者转移就业技能培训工作的通知》	分类培训、培训机构认定
2010	国务院	《国务院办公厅关于进一步做好农民工培训工作的指导意见》（国办发〔2010〕11 号）	职业技能培训培训鉴定培训机制
2012	住建部	《关于贯彻实施住房和城乡建设领域现场专业人员职业标准的意见》（建人〔2012〕19 号）	培训证书职业
2012	住建部	《关于深入推进建筑工地农民工业余学校工作的指导意见》（建人〔2012〕200 号）	业余学校
2014	国务院	《国务院关于加快发展现代职业教育的决定》（国发〔2014〕19 号）	培训体制继续教育
2014	国务院	《国务院关于进一步做好为农民工服务工作的意见》（国发〔2014〕40 号）	就业技能培训劳动预备制培训职业技能培训培训资金
2015	住建部	《住房城乡建设部办公厅关于建筑工人职业培训合格证有关事项的通知》（建办人〔2015〕34 号）	培训鉴定资格证书信息化
2015	住建部	《住房城乡建设部关于加强建筑工人职业培训工作的指导意见》（建人〔2015〕43 号）	职业技能培训参与积极性
2015	住建部	《关于开展建筑业农民工有关情况问卷调查的通知》（建市施函〔2015〕120 号）	资格证书参与积极性
2015	住建部	《住房城乡建设部办公厅关于做好 2015 年度建设职业技能培训与鉴定工作和农民工业余学校工作情况调查的通知》（建办人函〔2015〕1129 号）	职业技能培训培训鉴定业余学校
2016	国务院	《国务院关于印发国家人口发展规划（2016—2030 年）的通知》 （国发〔2016〕87 号）	职业技能培训继续教育培训体制

（续）

发文日期	发文单位	文件全称	内容提要
2016	国务院	《国务院办公厅关于大力发展装配式建筑的指导意见》（国办发〔2016〕71号）	装配式培训 职业技能培训
2016	国务院	《国务院关于印发"十三五"脱贫攻坚规划的通知》（国发〔2016〕64号）	就业技能培训 岗位技能提升培训 创业培训
2016	国务院	《国务院办公厅关于印发全民科学素质行动计划纲要实施方案（2016—2020年）的通知》（国办发〔2016〕10号）	就业技能培训 职业技能提升培训 安全生产培训 创业培训
2017	国务院	《国务院办公厅关于促进建筑业持续健康发展的意见》（国办发〔2017〕19号）	培训鉴定
2017	国务院	《国务院关于印发"十三五"推进基本公共服务均等化规划的通知》（国发〔2017〕9号）	就业技能培训 职业技能提升培训 创业培训
2017	住建部	《住房城乡建设部人事司关于调查各地从业人员培训和农民工业余学校工作情况的通知》（建人才函〔2017〕65号）	职业技能培训 业余学校
2017	住建部	住房城乡建设部办公厅关于征求《关于培育新时期建筑产业工人队伍的指导意见（征求意见稿）》意见的函（建办市函〔2017〕763号）	培训体制 培训鉴定
2017	住建部	《住房城乡建设部标准定额司 建筑节能与科技司关于做好装配式建筑系列标准培训宣传与实施工作的通知》（建标实函〔2017〕152号）	装配式培训 培训监管
2017	住建部	《住房城乡建设部人事司关于举办行业从业人员培训管理信息化建设培训班的通知》（建人才函〔2017〕35号）	信息化
2018	国务院	《国务院关于推行终身职业技能培训制度的意见》（国发〔2018〕11号）	积极参与性
2018	住建部	《住房城乡建设部人事司关于正式运行住房城乡建设行业从业人员培训管理信息系统的通知》（建人才〔2018〕74号）	培训鉴定 信息化
2018	发改委	《关于提升公共职业技能培训基础能力的指导意见》（发改就业〔2018〕1433号）	培训鉴定
2018	发改委、教育部、人社部、国家开发银行	《关于印发加强实训基地建设组合投融资支持的实施方案的通知》（发改社会〔2018〕1464号）	培训基地 职业技能培训

（续）

发文日期	发文单位	文件全称	内容提要
2018	住建部	《住房城乡建设部人事司关于调查各地 2018 年度从业人员培训和农民工业余学校工作情况的通知》（建人才函〔2018〕42 号）	培训证书 业余学校 培训鉴定
2019	住建部	《住房和城乡建设部关于改进住房和城乡建设领域施工现场专业人员职业培训工作的指导意见》（建人〔2019〕9 号）	培训体制 培训鉴定 继续教育 培训监管
2019	国务院	《国务院关于印发国家职业教育改革实施方案的通知》（国发〔2019〕4 号）	培训体制 培训鉴定
2019	人社部	人力资源社会保障部关于印发《新生代农民工职业技能提升计划（2019—2022 年）》的通知（人社部发〔2019〕5 号）	就业技能培训 职业技能提升培训 创业创新培训

从种子吸水阶段所需要的温度差来看，首先趋势是正确的，建筑业农民工培训相关政策的高频出台，说明政府、行业对建筑业农民工培训的重视程度。其次，政策的合适性特征不显著，尽管政策举措越来越多，目标站位和发文频率也越来越高，但由于政出多门、条块分割，缺乏顶层、全局和系统设计，基本都是倡导性、鼓励性措施，没有相应的配套制度，以及针对性很强的措施，难以真正落地实施，对建筑业农民工向产业工人转化培训系统的实践应用而言，作用有限且很难具有长效性。

（2）建筑业农民工培训模式梳理

近年来，国家和地方政府积极探索建筑业农民工培训制度建设，通过采取多种扶持政策，多层次、多渠道、多形式地开展建筑业农民工培训，逐步形成了政府统筹、行业组织、重点依托各类教育培训机构和建筑用工单位开展培训的工作格局，逐步形成政府主导型、企业主导型、校企联合型、自主型等培训模式[118]。

①政府主导型培训模式。政府主导型培训模式指政府利用国家现有教育资源，借助培训机构、职业院校等媒介，依照一定的机制进行运作，对建筑业农民工开展职业技能或就业培训并承担主要培训费用的培训模式[112]。比较典型的表现形态如建筑安全培训、阳光工程、雨露计划、建筑农民工业余学校计划、建筑业农民工技能培训示范工程等，政府主要通过颁布实施政策、法规来推动和保障培训工作的顺利有效开展[119]。

②企业主导型培训模式。企业主导型培训模式具体包括岗前培训和在岗培训，岗前培训以具体工种和岗位的基本常识为主，如建筑业农民工各工种所应

具备的基本技能、职业道德素养、建筑企业理念及发展前景等，在岗培训主要以改进施工作业方法、提高劳动生产率为主。但这种模式存在培训资金投入欠缺、培训基础设施薄弱、培训机构规模偏小、培训师资短缺等问题，相应导致参与培训的数量与培训质量效果难以提高，无法切实满足建筑用工市场对于建筑业人力资本的需要[120]。

③校企联合型培训模式。校企联合型培训模式即建筑企业与社会化的培训组织或职业学校通力合作，以建筑企业向培训组织或职业学校下订单的方式签订农民工教育和培训协议，培训组织或职业学校则依照协议约定的订单来教育和培训农民工，此后建筑企业优先录用培训合格的农民工。校企联合型培训模式的培训经费筹集方式是以建筑企业少部分提供、农民工自主承担相结合，建筑企业通常根据建筑业劳动力市场的用工需求，设置和调整培养目标、人才规格和知识技能结构等需求要素，在培训组织或职业学校的主导下积极参与并配合培训组织或职业学校开展或实施职业技能和文化知识培训活动[119]。

④自主型培训模式。自主型培训模式也称作传帮带就业培训模式，拜师学艺是民间最原始、最常见的技能传承方式，以此为基础的传帮带就业培训模式是通过师傅言传身教的方式让学徒领会、模仿、练习进而获得技艺的传授。这种传帮带既是一种学习的过程，也是一种劳动的过程，在建筑业农民工职业技能培训实践中具有重要的地位。经过实践的不断改造和发展，形成建筑工地课堂模式和建筑协会就业培训模式。这种模式具有传授职业技能针对性强、效果好、成本低的显著优势，仅需利用较少的时间成本即能带动和实现新晋农民工提高职业技能[120]。

⑤在农民工职业培训实践中还存在一些具有鲜明的地方经验探索，如民办公助的富平模式。富平模式采取"培训＋就业"管理运作方式、技能型培训与非技能性培训并重的民办公助模式[121]。

建筑业农民工培训模式功能有别、各具特色（表4.2），对于提升建筑业农民工职业技能和素质，发挥了积极的作用。但是这些也不同程度地存在适用度不高、推广性不强的问题，同样存在种子所处环境温度不合适的问题。

表4.2　建筑业农民工培训模式对比

提供者	费用	培训模式	特点	培训频率
政府	一般免费	多与城镇化、就业转移、惠民工程有密切相关性	具有针对性和专业性，常脱离实际，不能实现闭合管理	少

（续）

提供者	费用	培训模式	特点	培训频率
校企联合培养型	费用较高	脱产培训	专业的培训场地、导师，时间集中但发展落后	极少
施工企业主导型培训	一般免费	新到岗的入职培训	具有针对性，培训与实践紧密结合，培训效果和建筑工人绩效可以挂钩，很容易实现学以致用	极少
其他形式	一般免费或无法计费	自学、师带徒等	不正规的、非系统的培训模式，很难标准化、协作化	广泛存在

4.5.2　种子萌发理论下建筑业农民工培训系统种子要素

对于建筑业农民工的描述，现有文献或针对性不够强，或涉及面过窄，或时效性不够。因此，本文将采用调研问卷的形式调查建筑业农民工培训系统中种子部分及土壤体系设置。

（1）调查方法与问卷设计

为了更好地了解建筑业农民工培训的实际情况，准确反映其中存在的实际需求和问题，在问卷设计阶段考虑了以下几个因素：

第一，调研对象及范围。在本次调研进行之前，笔者于2015年6月参与了住建部课题"建筑业农民工向产业工人转化顶层设计"的论证工作，其间随课题团队赴重庆建工集团、重庆旭辉城建设工地实地访谈，发放了建筑业农民工向产业工人转化培训情况调查问卷（企业卷、农民工卷），回收、统计并分析问卷设计成效与不足，完善建筑业农民工系统化培训影响因子的调研问卷。为了让研究内容更具有时效性和针对性，将调研内容聚焦在建筑业农民工向产业工人转化的培训工作上，对此进行深入扩展，并于2018年3月正式开展。调研范围的覆盖面及典型性对调研结果的信度和效度产生了重要影响。研究者在问卷发放区域选择时，参考2013—2017年住建部核准的建设工程企业资质名单的公告、农民工监测调查报告、中国统计年鉴，选定浙江省、江苏省、重庆市、福建省作为问卷发放的主要省份。以在建建筑工地1 200名农民工为调研对象，问卷总计发放1 200份，实际收回1 093份，有效问卷999份，有效率为91.4%，符合实证分析要求。样本分布及回收情况如表4.3所示。

表 4.3 样本分布及回收情况

省份	样本量（份）	回收问卷（份）	有效问卷（份）	有效率占比（%）
浙江	180	166	141	14.1
江苏	200	191	168	16.8
重庆	220	176	152	15.2
福建	600	560	538	53.9
总计	1 200	1 093	999	100.0

第二，调研板块设计。本次调查问卷分成四个部分（表 4.4）：第一部分是建筑业农民工的基本信息，包括性别、年龄、文化程度、城市的归属感、职业认同程度等，主要反映了建筑业农民工的特点。第二部分是农民工培训认知，包括学习态度、学习方法、学习体会等。第三部分是培训硬件支持情况，包括培训教材、培训环境等。第四部分是培训软件支持情况，包括培训内容、培训形式、培训机构、培训师资等。

表 4.4 问卷结构与相应问题

问卷结构	调查主题	问卷相应问题
第一部分	建筑业农民工的基本信息	性别、年龄、文化程度、城市的归属感、职业认同程度、从业岗位、月收入和平均工作时间等
第二部分	农民工培训认知	学习态度、学习方法、学习体会等
第三部分	培训硬件支持情况	培训教材、培训环境等
第四部分	培训软件支持情况	培训内容、培训形式、培训机构、培训师资等

第三，样本的描述性统计与分析。本文采用克隆巴赫信度系数法来检验问卷的信度。当观测变量个数大于 1 时，如果只有克隆巴赫系数大于 0.7，则认为数据的可靠性较高。运用 SPSS22.0 中可靠性分析功能里的克隆巴赫信度分析，检验问卷的内部数据一致性。对于 36 个变量，克隆巴赫信度系数值为 0.873，整体信度较高。

（2）调查结果分析

第一，建筑业农民工基本信息调查统计。对于建筑业农民工基本信息统计，尽管在《中国统计年鉴》《中国建筑业统计年鉴》《农民工监测调查报告》中有相关基本信息的数据成果，但由于数据的时效性问题，以及数据收录源口径不一的考量，本研究中针对典型区域的同一样本进行的调研，旨在对建筑业农民工培训现状有更深入全面的了解，主要搜集农民工性别、年龄、受教育程度、身体状况、婚姻情况、平均日收入等。

建筑业农民工群体中男性人数 877 人、女性 122 人，这说明传统建筑行业还是属于重体力行业，脏乱差的工作环境状态下以男性用工为多，女性大多从事辅助类工作。就业年龄构成中，30 岁以下的工人有 125 人，30～40 岁的工人有 228 人，40～50 岁的工人有 491 人，50 岁以上的工人有 155 人，由此可见，农民工的年龄构成中 40 岁以上群体居多，新生代农民工占比少。受教育程度方面，小学及初中占 76.1%。农民工婚姻情况中，以已婚居多。身体状况方面，都普遍较好。日收入方面，300 元以下的农民工占比最多，整体分布中日收入在 500 元以下的农民工占总调研人数的 75.9%。相比较其他行业农民工的收入而言，建筑行业的日收入还是较高的，但是因为农民工流动性比较强，以及项目是周期性的，因此不能说明建筑业农民工整体的月工资、年工资水平高。

第二，建筑业农民工个人的其他情况调查数据。建筑业农民工个人的其他情况主要包含农民工从事建筑业的缘由、对城市的看法、是否拥有职业等级证书、是否签订合同、工作时长等，为数据分析统计便捷，以代码计入（表 4.5）。

表 4.5　建筑业农民工个人的其他情况调查数据代码编号

变量（代码）	选项	选项代码
为什么从事建筑业 （A）	工资相比其他行业高	A1
	门槛低、易找工作	A2
	喜欢这个行业	A3
	其他	A4
长期在城市工作生活的看法 （B）	非常喜欢，希望在城市定居	B1
	考虑子女教育等问题，虽不喜欢城市但会继续留在城市	B2
	在城市生活压力大，工作几年还是会回农村	B3
	其他	B4
是否有职业等级证书 （C）	有	C1
	没有，但有技能可以正常工作	C2
	无特殊技能	C3
	其他	C4
与工作单位是否签订了劳动合同 （D）	签订了合同，有五险	D1
	签订了合同，有三险	D2
	没有签订合同	D3
	不知道	D4

（续）

变量（代码）	选项	选项代码
日子过得怎样 （E）	我比周围人过得好	E1
	和周围人差不多	E2
	比周围人差一点	E3
拥有的技能能否满足工作需要 （F）	能	F1
	不能	F2
	基本可以满足	F3
每年外出打工的时间 （G）	1～3 个月	G1
	4～6 个月	G2
	7～9 个月	G3
	10 个月以上	G4
每天工作时间 （H）	8 小时	H1
	9～10 小时	H2
	11～12 小时	H3
	12 小时以上	H4

调研结果显示（图 4.2），在"为什么从事建筑业"问题上，63.3％的农民工是因为就业门槛低、易找工作，其次是因为工资相比其他行业高而选择建筑业。在"是否拥有职业等级证书"调查中，有等级证书的农民工仅占23.19％，没有证书但有技能与无证书且无技能的共占比 76.81％。55.20％的

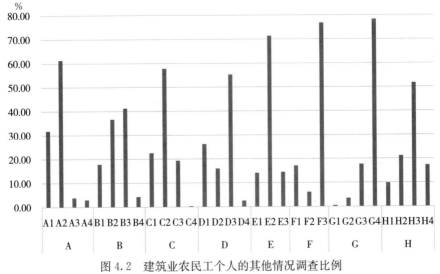

图 4.2 建筑业农民工个人的其他情况调查比例

农民工没有与工作单位签订合同。76.77%的农民工认为自己拥有的技能基本可以满足工作需要。对于融入城市方面，仅有 17.54% 的农民工表示喜欢城市且希望在城市定居，37.81% 的农民工因为子女教育问题会考虑留在城市，42.10% 的农民工想回农村生活。

第三，建筑业农民工培训认知情况。在被调查的有效样本中，有 361 人参加过职业培训，有 638 人未参加过职业培训。由此可以看出，大部分建筑业农民工没有参加过职业技能培训，而参加过培训的建筑业农民工表示，相关单位组织的培训是为了应付政府的检查，基本以"走过场"的形式结束，起不到培训的效果。关于建筑业农民工对职业培训的了解程度，选择"了解"的有 13 人，"不了解"的有 556 人，"没有途径了解"的有 340 人，可见农民工对于培训的相关政策知之甚少；政策宣传不到位，农民工没有途径了解的情况也占比不小。在被调查的样本中，针对建筑业农民工参加培训的资金来源，"单位和个人共同承担"占比最高，其次是自己承担。培训意愿调研中，73.1% 的农民工愿意参加培训。但是培训后的收入效应方面，大部分农民工觉得作用一般。

4.5.3 种子萌发理论下建筑业农民工培训系统土壤要素

基于前述分析，本小节将针对上述问卷调研中的培训软件支持和培训硬件支持做相关统计分析。培训硬件支持主要调研培训教材、培训环境、培训实施总体评价等。培训软件支持主要是培训内容、培训形式、培训师资、培训机构选择、培训费用等。

（1）培训硬件条件调查

一是培训教材。在被调查的样本中，培训教材多以企业自制教材为主，占到样本总量的 40.1%，政府印制的教材比重为 15.2%，培训机构教材占比 14.7%，无教材占到 30%。教材的使用与授课方式相关，有部分实践课无相关配套教材。30.2% 的农民工对教材表示满意，45.5% 表示不满意，无所谓占比 24.3%。

二是培训环境。在被调查的样本中，培训基地占 18.1%，施工现场占 51.6%，其他占 30.3%。因为农民工工作环境一般比较差，所以对培训环境是否满意的调查中，41.1% 的农民工表示可以接受，20.1% 表示满意，18.6% 表示不满意，20.2% 表示无所谓。

三是培训实施总体评价。在被调查的样本中，针对培训实施效果总体评价有 77 人觉得"非常有帮助"，占总数的 7.7%；有 136 人觉得"有较大帮助"，占总数的 13.6%；有 373 人认为"有点帮助"，占总数的 37.3%；认为"没帮助"的有 311 人，占总数的 31.1%；认为"不好说"的有 102 人，占总数的 10.3%。

(2) 培训软件条件调查

一是培训形式。建筑行业最受欢迎的农民工培训方式偏好是"现场培训"，比例为 30.2%，"面对面授课"方法的比例为 15.30%，"多媒体培训方式"的比例为 23.40%，"多方式结合"的比例为 19.10%，"无所谓"的比例为 12%。

二是培训地点。在被调查的样本中，关于建筑业农民工培训地点的选择，选择"家庭住所"的人占 6.3%、"务工地"的人占 29.7%、"用人单位"的人占 27.5%、"培训单位"的人占 3.3%、"无所谓"的人占 33.2%。

三是培训费用。在被调查的样本中，建筑业农民工可以为一次技能培训提供的投资，选择"免费"的人占 75.0%、"300 元以下"的人占 9.2%、"300~500 元"的人占 11.30%、"500~1 000 元"的人占 4%、"1 000 元以上"的人占 0.5%。

四是培训时间。在被调查的样本中，针对建筑业农民工最乐意接受的培训时长，选择"一天以内"的人占 58.1%、"一星期以内"的人占 20.8%、"一个月以内"的人占 12.2%、"一个月以上"的人占 8.9%。

五是最信赖的培训机构。在被调查的样本中，建筑业农民工选择最信赖的培训机构中，选择"社会职业中介举办的培训机构"的有 201 人、"企业或行业协会培训机构"的有 411 人、"正规职业院校的培训机构"的有 124 人、"有政府背景的人才市场培训机构"的有 263 人。

4.5.4 建筑业农民工培训系统问题小结

从上述培训政策、模式梳理，培训种子、培训土壤调研中，得出以下几方面结论：

第一，培训政策、模式给予农民工种子的温度处于升温状态，但合适性还不显著。如前述政策、模式梳理可以看出，政府重视建筑业农民工培训工作，近年来各部门连续发文，对农民工培训的目标即产业工人队伍建设更加具体和细化。培训模式也在各地进行区域性探索，力求取得更好的培训效果。但是温度的合适性并不显著，具体表现在：①现有建筑业农民工培训举措散见于行政法规、地方性法规、政策性文件，缺少顶层设计和规划。②建筑农民工培训体系、管理制度、考核制度等均未建立，培训组织和管理机构、培训项目的组织者和参与者的职责与权能、权利与义务等均不明确。③培训经费严重不足。④以培训的监管与考核为例，当前我国建筑业农民工职业培训考核与监管制度极为落后，有些地方甚至没有对应的考评制度，相关政策往往陷入上有政策、下有对策的怪圈。⑤对组织农民工培训工作的复杂性认识不足,政策的可评价性较弱。而且组织主体不清,作为建筑业农民工培训的主要责任主体究竟是政府还是企业,不管从政策文件还是实践操作来看都有疑问,导致互相推诿、流于形式。

第二,培训种子农民工自身条件具备的水势低。具体体现在:①溶质势Ψ_S低,即自身水分的补充速率慢。具体原因在于:建筑业农民工以男性为主,年龄层次广泛分布于18~55岁,新生代农民工占比太少,且逐渐趋于老龄化;学历层次以文盲、半文盲、小学、初中文化程度为主体,受教育程度较低;建筑业农民工技能水平偏低,中高级技术人才匮乏,取得中级以上专业技术等级证书农民工的比例较低,多数未取得专业技术等级或仅取得初级专业技术等级证书。②衬质势Ψ_m低,即建筑业农民工与培训系统接触的紧密程度不够。具体原因为临时性、季节性、流动性等就业特点增加了培训的难度与成本。传统建筑业普遍偏低的准入门槛,导致未经培训或未取得技能证书的农民工也能轻易获得上岗就业的机会,而且所得报酬与持有技能证书的工人相差无几,进而降低了建筑业农民工参与培训的积极性,不愿浪费更多时间、精力甚至培训费用去接受培训。③压力势Ψ_P不足,即为培训土壤所提供的水势与农民工培训前具备的水势的差值不足;前述章节谈到的压力差是建筑业农民工种子萌发中起始步骤吸水的关键推动因素,在压力差不足的情况下,就会导致农民工吸水意愿快速降低。

第三,培训土壤供给质量低。作为土壤的建筑业农民工向产业工人转化培训供给质量低,直接后果就是提供给农民工种子的压力差不够。在压力差不够的情况下,种子处于不萌发或萌发时间延长的状态。由调研结果及文献搜索可知,培训土壤供给不足主要表现在:一是培训费用偏高。现有培训经费是由政府承担主要部分,企业单位和农民工个体按一定的比例分担。由于农民工自身的经济收入水平普遍较低,培训费用的负担压力较大、成本较高,而政府财政拨款又较为有限,许多地方政府没有足够的配套资金或是没有成功进入国家审批的培训示范点即无法得到中央财政的资金转移,进而加重农民工培训市场供求失衡[122]。二是培训经费短缺。目前农民工职业培训的主要瓶颈之一在于培训资金来源和规模较为有限,培训经费短缺。政府专项培训资金等政策性经费很少且很难争取,建筑企业的培训基金很难执行到位。三是培训安排不合理。培训内容较为单一,普遍存在以安全教育培训为主、岗位工种技能培训项目较为有限的问题;培训周期普遍较短,缺乏长期系统的培训;培训课程和教学内容设置不尽合理,普遍缺乏针对性和实效性的培训项目;培训往往重理论教学、轻实践操作;职业培训和学历教育、短期培训和长期教育未能形成良性衔接；忽视了社会文明素养培训；建设滞后特别是在集中培训实训基地、技能鉴定中心、培训教材与课程体系建设等方面较为落后。

综合上述分析，表明种子萌发时吸水阶段是至关重要的，建筑业农民工培训政策、模式所提供的温度差和培训土壤即培训体系实施所带来的压力差是激活内在种子活性的关键因素。从种子萌发理论视角出发构建建筑业农民工培训系统，探寻培训系统要素在吸水阶段的现实发育条件曲线，与理想发育条件曲线对比，发现培训系统症结所在。在吸水阶段，政策、模式所提供的温度存在趋势正确和合适性不显著现象，农民工种子则一直处于自身水势低的状态。培训土壤要素在培训周期内一直起着重要的供给作用，以评价结果来看，培训土壤在吸水阶段所提供的压力差是严重不足的，这也是目前培训系统问题的症结所在。

4.6　本章小结

基于种子萌发理论的建筑业农民工培训系统包含能够为建筑业农民工向产业工人身份转化提供关键土壤条件，源源不断地向建筑业农民工种子供给新技能、新知识、新文化、新观念，满足建筑业农民工转化为产业工人的最为重要的吸水需求。此外，系统化培训还受到政府、建筑行业、建筑企业和社会力量等外部环境的影响。这套动力系统是建筑业农民工内在驱动力模块、培训体系模块和外部综合模块的有机结合，前两者属于动力系统的主动力，后者属于动力系统的外部助动力。同时，培训系统的基本功能包括种子的吸收、转化功能、土壤的供给功能及环境的调控功能，借助以上功能推动培训系统运转。作为土壤条件，培训系统为建筑业农民工身份转化提供了不可或缺的水分需求，建立积势模型分析农民工水势 Ψ 及其构成 Ψ_S、Ψ_P、Ψ_m。政府、建筑行业、建筑企业等外部条件则为其提供必要的温度、湿度及氧气，从而分析农民工种子萌发速率与温度的关系。在此基础上，基于种子萌发理论重新梳理建筑业农民工培训问题，发现系统主要有如下问题：一是培训政策、模式给予农民工种子的温度处于升温状态，但合适性还不显著。二是培训种子农民工自身水势低。三是培训土壤供给质量低。综合对照种子萌发理论发展阶段性特征，指出建筑业农民工现行培训系统的症结所在：培训体系实施供给质量差，给予农民工种子的压力差不足。在建筑产业现代化快速发展的背景下，虽然各相关方都认识到培训的重要性，但由于培训系统运行机制不当，造成培训效果并不理想，农民工经过培训之后还是处于农民工的身份状态。

5 | 基于种子萌发理论的建筑业农民工培训系统运行机理研究

第 3 章根据不同利益主体的不同诉求对培训影响因子进行分析归类，进而构建建筑业农民工培训系统影响因子体系，并借助扎根理论进行影响因素质性分析，回答培训系统"为什么这么建"的问题。第 4 章基于前述基础及建筑业农民工转化为产业工人培训内在的规律性，运用种子萌发理论构建以萌发为核心运动特征的具有动态性的培训系统整体结构，回答培训系统是什么的问题。为了使前面的模型构建及论述更有据可循，本章将对培训系统进行验证性分析。与其他系统动力影响因素相似的是，建筑业农民工培训系统的动力因素变量较多，各因素变量之间存在密切的关联性、不同程度的主观性、直接测量的困难性，因而各因素变量之间的相关关系很难直接采用传统的统计学方法进行有效分析[123]。为此，本章将应用结构方程模型所具有的特殊功能和优势对培训系统进行验证性分析，以弥补传统范式的缺失[124]。

5.1 研究思路

本文第 3、4 章详细分析了建筑业农民工培训系统的驱动力因素，包括建筑业农民工职业化培训、市民化培训等直接影响因子，以及建筑企业用工管理情况、建筑行业管理情况、建筑业农民工自身情况、社会力量参与情况、政府监督管理情况等间接影响因子。那么，培训系统内这些影响因素之间存在哪些相关关系，各要素的功能是如何运作的，系统要素间的作用路径及系统运行机理又是如何形成的，这些都是本章需要探讨和解决的问题。如前所述，影响因素都属于难以直接观察或测量的潜在变量。传统的多元回归分析难以解决这些潜在变量的观测问题，更难有效分析潜在变量之间的复杂关系。因此需借助另外的分析方法，提取一些外在显性的指标来进行间接观测[125]。基于结构方程模型所能发挥的弥补性作用[126]，本文借以对培训系统的动力因素影响路径和强度进行分析。

5.2 建筑业农民工培训机理理论框架

5.2.1 研究假设

经前述章节分析，无论是系统要素中培训种子即农民工、培训土壤即培训体系，还是培训环境即政府、建筑企业、建筑行业、社会力量等，其影响因素都属于难以直接观测的潜在变量，通常需要借助一些外在显性指标来进行间接测量，运用传统的定性研究方法或简单的多元回归分析难以解决众多潜在变量之间的关系及复杂系统的共线性问题。结构方程是一种非常通用的线性统计建模方法，融合了路径分析、多项联立方程及验证性因子分析等方法，是现代行为与社科领域量化研究相结合的重要统计方法。结构方程模型作为一种建立、估计和检验因果关系模型的方法适用于本系统运行机理研究。

在文献和理论研究的基础上，结合本研究第3章影响因素分析、第4章系统构建等研究成果，本章将针对系统运行机理进行研究。研究模型中包括建筑行业驱动力、建筑企业驱动力、社会力量驱动力、政府驱动力4个外生潜变量，以及建筑业农民工内在驱动力、建筑业农民工职业素养培训、建筑业农民工社会素养培训、建筑业农民工培训系统4个内生潜变量，基于此提出15项研究预设，如表5.1所示。

表5.1　结构方程模型实证研究假设汇总

标号	研究假设
H1	建筑企业驱动力受到建筑行业驱动力的正向影响
H2	建筑业农民工内在驱动力受到建筑企业驱动力的正向影响
H3	社会力量驱动力受到政府驱动力的正向影响
H4	建筑业农民工内在驱动力受到社会力量驱动力的正向影响
H5	职业素养培训受到建筑行业驱动力的正向影响
H6	职业素养培训受到建筑企业驱动力的正向影响
H7	职业素养培训受到建筑业农民工内在驱动力的正向影响
H8	职业素养培训受到社会力量驱动力的正向影响
H9	社会素养培训受到建筑行业驱动力的正向影响
H10	社会素养培训受到建筑企业驱动力的正向影响
H11	社会素养培训受到建筑业农民工内在驱动力的正向影响
H12	社会素养培训受到社会力量驱动力的正向影响

（续）

标号	研究假设
H13	社会素养培训受到政府驱动力的正向影响
H14	建筑业农民工培训系统受到职业素养培训的正向影响
H15	建筑业农民工培训系统受到社会素养培训的正向影响

建筑业农民工培训系统结构模型的研究步骤，确定培训系统动力因素包括建筑业农民工内在驱动力、建筑业农民工职业素养培训、建筑业农民工社会素养培训、建筑业农民工培训系统、建筑行业驱动力、建筑企业驱动力、社会力量驱动力、政府驱动力8个变量，提出研究假设及培训系统运行机理验证的初步理论框架[127]，如图5.1所示。

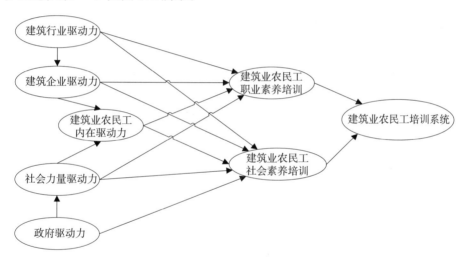

图5.1 建筑业农民工向产业工人转化培训系统机理的初步理论框架

根据图5.1可知，以上15项研究预设中存在一定因果关系的变量共有8项。本文将建筑业农民工职业素养培训（VQT）、建筑业农民工社会素养培训（SLT）、建筑业农民工培训系统（WTS）、建筑行业驱动力（CID）、建筑企业驱动力（CED）、政府驱动力（GD）、建筑业农民工内在驱动力（CWID）、社会力量驱动力（SFD）进行标识，它们所反映的因果关系可用以下回归方程式表示[128]：

$$WTS = \alpha_1 VQT + \alpha_2 SLT + \xi_1 \tag{5.1}$$

$$VQT = \beta_1 CID + \beta_2 CED + \beta_3 CWID + \beta_4 SFD + \xi_2 \tag{5.2}$$

$$SLT = \lambda_1 CID + \lambda_2 CED + \lambda_3 CWID + \lambda_4 SFD + \lambda_5 GD + \xi_3$$

$$\tag{5.3}$$

$$CED = \mu_1 CID + \xi_4 \qquad (5.4)$$

$$GD = \eta_1 CED + \xi_5 \qquad (5.5)$$

$$CWID = \kappa_1 SFD + \xi_6 \qquad (5.6)$$

$$SFD = \gamma_1 GD + \xi_7 \qquad (5.7)$$

其中，α_1、α_2 分别代表 VQT、SLT 对 WTS 产生的驱动影响程度；β_1、β_2、β_3、β_4 分别代表 CID、CED、$CWID$、SFD 对 VQT 产生的影响程度；λ_1、λ_2、λ_3、λ_4、λ_5 分别代表 CID、CED、$CWID$、SFD、GD 对 SLT 产生的影响程度；μ_1 代表 CID 对 CED 产生的影响程度；η_1 代表 CED 对 GD 产生的影响程度；κ_1 代表 SFD 对 $CWID$ 产生的影响程度，γ_1 代表 GD 对 SFD 产生的影响程度；ξ_1、ξ_2、ξ_3、ξ_4、ξ_5、ξ_6、ξ_7 分别代表了七个方程的残差项[129]。

5.2.2 要素量表构建

根据第 3 章的影响因素分析及专家、受试者的访谈，本节对各变量的测量指标进行了提炼和初始设计，量表涉及 CID、CED、GD、CWID、SFD、VQT、SLT、WTS 8 个变量共 38 个问题，如表 5.2 所示。

表 5.2 建筑业农民工培训系统运行机理验证要素量表

要素	代码	测量题项
CID	CID1	建立建筑业职业准入制度
	CID2	严格执行建筑工人持证上岗制度
	CID3	加强对现场作业人员的技能水平和配备比例监督检查
	CID4	制定建筑业系统化培训的配套政策
	CID5	编制施工现场人员配备标准，督促企业强化技能培训和开展技能鉴定
	CID6	创新考培模式，将实际工程生产与考核鉴定相结合
	CID7	建立科学的建筑业农民工向产业工人转化系统化培训成效的考核体系
	CID8	加强建筑业劳动力培训市场信息网络建设
CED	CED1	根据市场需求，制定建筑工人培养计划
	CED2	优化整合培训资源、建立培训基地
	CED3	完善建筑工人职业提升通道
	CED4	建立合理的、与技能水平匹配的建筑工人薪酬制度
	CED5	建立技能人才专家库和首席技师制度
	CED6	设立建筑工人培训专项经费
	CED7	建立科学的技能鉴定制度
	CED8	发挥建筑企业工人组织化主体作用

(续)

要素	代码	测量题项
GD	GD1	将建筑业农民工向产业工人转化的年度培训计划纳入地方经济社会发展规划
	GD2	及时修订企业资质标准，将建筑工人培训情况与建筑企业市场准入、招标投标、诚信体系、评价评优等挂钩
	GD3	合理编制建筑业农民工向产业工人转化系统化培训的财政预算
	GD4	努力营造重视技能、崇尚技能的行业氛围和社会环境
	GD5	成立建筑工人培训工作主管部门
	GD6	开展对建筑业农民工向产业工人转化系统化培训的检查、管理与监督工作
	GD7	完善建筑工人相关职业技能标准和评价规范制定工作
	GD8	推动建筑工人职业鉴定工作
CWID	CWID1	掌握必要的职业技能
	CWID2	结合岗位学习操作技能
	CWID3	自觉学习、提高文化素养完善建筑工人职业提升通道
	CWID4	提升社会文明素养，增强融入城市生活的能力
	CWID5	适当承担部分培训费用
SFD	SFD1	鼓励各类培训机构和组织积极参与建筑业劳动力用工与就业市场体系建设
	SFD2	建立和完善"校企互动"的师资培养模式及兼职培训教师的管理体制
	SFD3	激励社会资本积极参与建筑培训工作
	SFD4	扩大建筑工人职业培训覆盖面
VQT	VQT1	建筑工人具有很高的技能水准
	VQT2	建筑工人具备较好的职业道德
SLT	SLT1	建筑工人具有和城市市民一样的社会通识、社会公共道德意识及法制观念
	SLT2	建筑工人很快适应城市生活要求的行为规范
WTS	WTS	建立系统化的建筑工人培训体系

5.3 数据采集与分析

5.3.1 数据来源

(1) 问卷设计

本研究的调查问卷包括三部分内容。

第一，问卷说理。向被调研对象阐述本次调研的背景、目的及意义，介绍问卷设置的板块，承诺对被调研人的问卷信息进行保密，希望被调研人能够准确真实地填写该问卷，并对被调研人表示感谢。

第二，受访者所属机构基本信息。为了确保问卷的客观性、有效性，本次调研的受访者所属单位需覆盖建筑业农民工培训各相关主体，因此，在调研问卷开始前，设置受访者所属机构基本信息，了解机构所在地及机构性质。

第三，建筑业农民工培训系统运行机理调查。该部分内容主要包含建筑业农民工培训系统建筑行业模块、建筑企业模块、政府主管部门模块、农民工模块、社会力量模块的驱动因素。根据影响因素分析等内容在各模块中设置相应的影响因素变量，借助李克特五级量表完成模块问卷设置。

（2）问卷修正

为确保问卷的信度和效度，首先邀请相关领域的受访者代表各 2～3 名，包括政府机构、建筑行业、建筑企业、参与培训的社会力量代表、农民工代表共计 11 人，在正式发放前进行小规模的访谈及问卷填写，并征求其意见。对填写问卷过程中觉得有歧义、选项或题项表达不合理的地方进行修改，以此形成最终问卷。

（3）数据采集

本研究采用线下发放和线上发放两种问卷数据收集方法。线下发放主要是通过走访调研对象如福建省住建厅、行业协会、培训中心等相关机构工作人员，部分建筑企业工作人员、科研单位工作人员及农民工。走访过程中共发放问卷 90 份，回收 90 份，有效问卷 74 份，回收有效率为 82.2%；线上发放主要是通过问卷星和电子邮件向政府部门、建筑行业协会、建筑企业、高校科研单位和社会培训机构等进行发放，一共 163 份，回收 163 份，其中有效问卷 151 份，回收有效率为 92.6%，如图 5.2 所示。

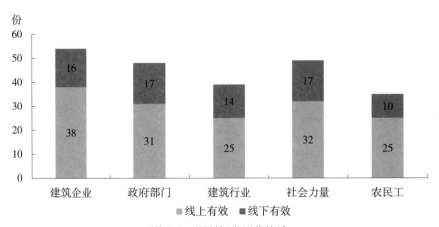

图 5.2　调研问卷回收统计

5.3.2　数据处理

本研究采用的有效样本量为 225 个，在样本答题中，每题设置的选项为 1～5，即最小值为 1、最大值为 5。本文对量表部分所做描述性统计主要包含平均值、标准差、偏度、峰度等信息，用以判断量表中题目的基本水平和数据呈现的分布。

由表 5.3 可知，正式样本结果显示各个题目的偏度绝对值均小于 3，峰度绝对值均小于 10，偏度和峰度都满足正态分布的条件，说明各个题目都服从正态分布，可直接用于后面的信效度等统计学分析[130][131]。

表 5.3　样本各题目的描述性统计结果

题项	平均值	标准差	偏度	峰度
CID1	3.39	0.811	−0.869	0.763
CID2	3.57	0.879	−0.883	0.882
CID3	3.31	0.839	−0.813	0.532
CID4	3.39	0.885	−0.803	0.802
CID5	3.53	0.887	−0.515	0.065
CID6	3.45	0.891	−0.437	0.212
CID7	3.58	0.933	−0.662	0.219
CID8	3.48	1.005	−0.757	0.274
CED1	3.68	1.007	−0.397	−0.369
CED2	3.67	1.048	−0.331	−0.701
CED3	3.71	1.018	−0.471	−0.456
CED4	3.88	1.032	−0.707	−0.121
CED5	3.61	0.844	−0.549	0.534
CED6	3.64	0.959	−0.604	0.006
CED7	3.69	0.945	−0.556	−0.023
CED8	3.87	1.003	−0.703	0.031
GD1	3.54	1.043	−0.422	−0.458
GD2	3.64	1.003	−0.550	−0.056
GD3	3.49	1.018	−0.443	−0.297
GD4	3.44	0.990	−0.401	−0.326

（续）

题项	平均值	标准差	偏度	峰度
GD5	3.53	0.978	−0.530	−0.085
GD6	3.46	0.995	−0.390	−0.328
GD7	3.65	1.063	−0.564	−0.376
GD8	3.60	1.069	−0.641	−0.260
CWID1	3.85	0.826	−0.383	−0.323
CWID2	3.97	0.858	−0.668	−0.021
CWID3	3.87	0.864	−0.543	−0.227
CWID4	3.98	0.787	−0.736	0.532
CWID5	3.93	0.813	−0.280	−0.602
SFD1	3.79	1.064	−0.954	0.391
SFD2	3.78	1.033	−0.672	−0.200
SFD3	3.68	1.133	−0.452	−0.872
SFD4	3.75	1.123	−0.612	−0.539
VQT1	3.41	1.058	−0.501	−0.698
VQT2	3.54	1.061	−0.462	−0.545
SLT1	3.60	1.106	−0.567	−0.483
SLT2	3.53	1.118	−0.247	−1.053
WTS	3.89	1.068	−1.028	0.605

5.3.3 信度分析与效度分析

(1) 问卷的信度分析

信度分析是用以确保模型拟合度评价和假设检验有效性的分析工具[132]。本文尝试借助克隆巴赫系数（Cronbach's Alpha），检验调查问卷研究变量在各个测量题项上的信度和效度[133]。如果变量要具有较为良好的可信度，那么克隆巴赫系数不能小于 0.7。一般研究多以变量缩减来提高信度，并依据以下标准进行缩减：①如果删除题项与其他题项总分的相关程度低于 0.5，那么就删除该题项；②如果删除该题项后克隆巴赫系数增加，那么就删除该题项[134][135]。本文以此标准为依据进行题项删减。

从表 5.4 可知，建筑行业克隆巴赫系数为 0.941、建筑企业为 0.922、政府主管部门为 0.910、农民工内在为 0.854、社会力量为 0.930、职业素养为

0.787、社会文明素养为 0.856，均大于 0.7。结果表明：变量具有良好的内部
一致性信度，修正后的项与总计相关性均大于 0.5，表明测量题项符合研究预
期[136]。从删除该题项的克隆巴赫系数来看，删除任意一题均不会引起克隆巴
赫系数增加，表明各个量表均具有良好的信度[137]。

表 5.4　各量表信度分析

变量	题项	修正后的项与总计相关性	删除项后的克隆巴赫系数	克隆巴赫系数
建筑行业	CID1	0.732	0.937	0.941
	CID2	0.821	0.931	
	CID3	0.727	0.937	
	CID4	0.835	0.930	
	CID5	0.806	0.932	
	CID6	0.761	0.935	
	CID7	0.813	0.931	
	CID8	0.817	0.931	
建筑企业	CED1	0.637	0.920	0.922
	CED2	0.778	0.909	
	CED3	0.822	0.905	
	CED4	0.711	0.914	
	CED5	0.698	0.916	
	CED6	0.730	0.913	
	CED7	0.783	0.909	
	CED8	0.760	0.910	
政府主管部门	GD1	0.732	0.897	0.910
	GD2	0.749	0.895	
	GD3	0.696	0.900	
	GD4	0.653	0.903	
	GD5	0.701	0.900	
	GD6	0.718	0.898	
	GD7	0.694	0.900	
	GD8	0.733	0.897	

（续）

变量	题项	修正后的项与总计相关性	删除项后的克隆巴赫系数	克隆巴赫系数
农民工内在	CWID1	0.702	0.815	0.854
	CWID2	0.688	0.819	
	CWID3	0.736	0.805	
	CWID4	0.632	0.833	
	CWID5	0.579	0.846	
社会力量	SFD1	0.866	0.899	0.930
	SFD2	0.883	0.894	
	SFD3	0.781	0.927	
	SFD4	0.820	0.914	
职业素养	VQT1	0.649	—	0.787
	VQT2	0.649	—	
社会文明素养	SLT1	0.748	—	0.856
	SLT2	0.748	—	

（2）问卷的效度分析

效度分析是实证分析的重要组成部分，具有内容效度和结构效度两种问卷测量方法[138]。内容效度指题项与所测变量的相适性，本研究所用问卷是基于文献梳理表明变量之间的关联构建，并根据预调查结果对题项措辞、表述方式等做了进一步修订，符合内容效度要求，但本研究重在讨论结构效度（题项衡量所测变量的能力），并通过一般性探索性因素分析检验来证明量表的结构有效性[139][140]。基于以上，利用 SPSS22.0 软件进行验证，结果如表 5.5 所示。

表 5.5　KMO 和 Bartlett's 检验

检验		数值
取样足够度的 KMO 度量		0.875
Bartlett's 球形检验	近似卡方	5 719.130
	DF	666
	Sig.	0.000

由表 5.5 可知，KMO = 0.875（＞0.7），Bartlett's 球形检验值显著（Sig.＜0.001），表明问卷数据符合因子分析的前提要求，因子提取时采用主成分分析方法，并以特征根大于 1 为因子的提取公因子，因子旋转时采用方差最大正交旋转进行因素分析[141]，分析结果如表 5.6 所示。

表 5.6　总方差解释

序号	初始特征值			提取载荷平方和			旋转载荷平方和		
	合计	方差百分比（%）	累积百分比（%）	合计	方差百分比（%）	累积百分比（%）	合计	方差百分比（%）	累积百分比（%）
1	9.741	26.326	26.326	9.741	26.326	26.326	5.753	15.548	15.548
2	4.851	13.112	39.437	4.851	13.112	39.437	5.336	14.423	29.971
3	3.553	9.602	49.040	3.553	9.602	49.040	5.102	13.788	43.759
4	2.640	7.134	56.174	2.640	7.134	56.174	3.367	9.100	52.859
5	2.619	7.079	63.252	2.619	7.079	63.252	3.285	8.878	61.737
6	1.445	3.905	67.158	1.445	3.905	67.158	1.659	4.483	66.220
7	1.289	3.483	70.641	1.289	3.483	70.641	1.636	4.421	70.641
8	0.806	2.178	72.819						
9	0.739	1.999	74.817						
10	0.655	1.769	76.586						
11	0.608	1.644	78.230						
12	0.591	1.598	79.828						
13	0.543	1.468	81.296						
14	0.531	1.436	82.732						
15	0.486	1.314	84.046						
16	0.456	1.232	85.278						
17	0.432	1.167	86.445						
18	0.421	1.138	87.583						
19	0.390	1.054	88.637						
20	0.369	0.996	89.633						
21	0.362	0.978	90.611						
22	0.352	0.951	91.561						
23	0.324	0.876	92.437						
24	0.302	0.815	93.252						
25	0.286	0.773	94.025						
26	0.260	0.702	94.727						
27	0.253	0.684	95.411						
28	0.228	0.616	96.027						
29	0.222	0.601	96.628						
30	0.206	0.557	97.185						
31	0.193	0.521	97.706						

（续）

序号	初始特征值			提取载荷平方和			旋转载荷平方和		
	合计	方差百分比（%）	累积百分比（%）	合计	方差百分比（%）	累积百分比（%）	合计	方差百分比（%）	累积百分比（%）
32	0.173	0.469	98.175						
33	0.165	0.447	98.622						
34	0.160	0.434	99.056						
35	0.136	0.367	99.422						
36	0.124	0.336	99.758						
37	0.090	0.242	100.000						

从表 5.6 可以看出，因素分析结果总共得到 7 个因素，解释能力分别为 15.548%、14.423%、13.788%、9.100%、8.878%、4.483%、4.421%，总解释能力达到了 70.641%（＞50%），表明筛选出来的 7 个因素具有良好的代表性。因素负荷量系数如表 5.7 所示。

表 5.7　旋转后的成分矩阵

变量	题目	成分						
		1	2	3	4	5	6	7
建筑行业	CID1	0.784						
	CID2	0.864						
	CID3	0.770						
	CID4	0.869						
	CID5	0.848						
	CID6	0.814						
	CID7	0.841						
	CID8	0.846						
建筑企业	CED1		0.685					
	CED2		0.814					
	CED3		0.855					
	CED4		0.766					
	CED5		0.746					
	CED6		0.766					
	CED7		0.843					
	CED8		0.780					

（续）

变量	题目	成分						
		1	2	3	4	5	6	7
政府主管部门	GD1			0.760				
	GD2			0.795				
	GD3			0.771				
	GD4			0.728				
	GD5			0.737				
	GD6			0.761				
	GD7			0.714				
	GD8			0.764				
农民工内在	CWID1					0.768		
	CWID2					0.797		
	CWID3					0.823		
	CWID4					0.789		
	CWID5					0.672		
社会力量	SFD1				0.897			
	SFD2				0.914			
	SFD3				0.832			
	SFD4				0.866			
职业素养	VQT1							0.853
	VQT2							0.857
社会文明素养	SLT1						0.823	
	SLT2						0.871	

由表 5.7 可知，各个测量题项的因素负荷量均大于 0.5，且交叉载荷均小于 0.4，每个题项均落到对应的因素中，因此表明量表具有良好的结构效度。

5.3.4 量表验证性因素分析

为了验证实际测量数据与理论架构的适配关系及程度，通常采用验证性因素分析进行各变量内部题项的收敛效度检验。根据相关研究，量表的效度检验包含以下条件：①收敛效度。一个测量模型如能满足以下几个条件则称为具有收敛效度[142]：一是因素负荷量，即评估每个负荷量是否具有统计显著性，需

· 81 ·

大于 0.7；二是组成信度，即信度越高表示构面题目的内部一致性越高，需大于 0.7；三是平均变异数萃取量，即计算潜在变量各个测量题目对该变量的变异解释能力，平均提取方差值越大则题项信度与收敛效度越高，其标准值应不低于 0.5[143]。一般模型修正多为变量缩减，主要通过删除因素负荷量过低的测量题项、有共线性存在的测量题项和残差不独立的测量题项进行修正，其中删除有共线性存在的测量题项和残差不独立的测量题项一般需要通过查看修正指标进行修正[144][145]。②模型整体拟合指标。使用验证性因子分析效度检验时，需要对模型的拟合情况进行评价，对测量模型进行修正以提高模型的拟合度[146]。具体参数主要选择 X^2/DF、GFI、AGFI、TLI、IFI、CFI 和平均近似误差均方根（RMSEA）等指标，各指标的标准理想值如表 5.8 所示，验证因素分析如图 5.3 所示。

表 5.8 模型拟合指标理想标准值

拟合指标	X^2/DF	GFI	AGFI	TLI	IFI	CFI	RMSEA
接受范围	<3	>0.8	>0.8	>0.9	>0.9	>0.9	<0.08

（1）模型拟合度

从表 5.9 可知，CMIN/DF 为 1.531，小于 3 以下标准；GFI＝0.827、AGFI＝0.800，均达到 0.8 以上的标准；IFI、TLI、CFI 均达到 0.9 以上的标准，RMSEA 为 0.049（小于 0.08）。大多的拟合指标均符合一般结构方程模型研究的标准，因此可以认为模型有不错的配适度。

表 5.9 模型拟合度

拟合指标	可接受范围	测量值
CMIN		930.662
DF		608
CMIN/DF	<3	1.531
GFI	>0.8	0.827
AGFI	>0.8	0.800
RMSEA	<0.08	0.049
IFI	>0.9	0.941
TLI（NNFI）	>0.9	0.935
CFI	>0.9	0.940

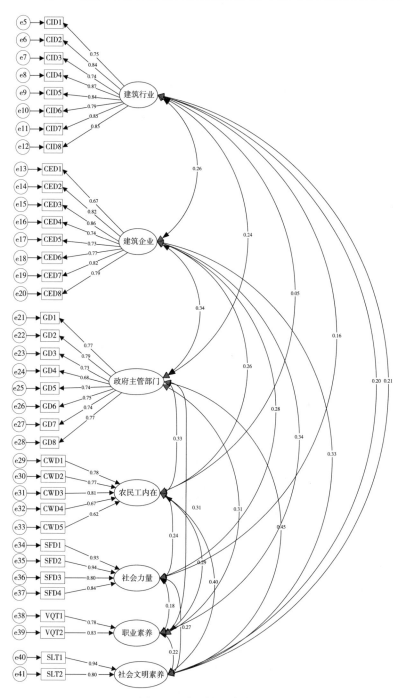

图 5.3　验证性因素分析

（2）验证性因素分析结果

由表 5.10 可知，大部分题项标准化因素负荷不小于 0.5 且均在 0.7 以上，残差均为正数且显著。其中，建筑行业 0.941、建筑企业 0.924、政府主管部门 0.911、农民工内在 0.855、社会力量 0.932、职业素养 0.789、社会文明素养 0.861，因素负荷均大于 0.7，平均变异萃取量分别为建筑行业 0.668、建筑企业 0.603、政府主管部门 0.560、农民工内在 0.544、社会力量 0.775、职业素养 0.650、社会文明素养 0.757，均大于 0.5，均达到收敛效度的标准，配适度也在可接受的范围，因此可留为后续分析之用。

表 5.10　验证性因素分析结果

构面	题项	非标准化因素负荷	标准误	临界比	P 值	标准化因素负荷	总临界比	平均变异萃取量
建筑行业	CID1	1.000				0.747	0.941	0.668
	CID2	1.220	0.093	13.179	***	0.842		
	CID3	1.030	0.090	11.455	***	0.744		
	CID4	1.267	0.093	13.653	***	0.868		
	CID5	1.229	0.093	13.151	***	0.840		
	CID6	1.156	0.095	12.198	***	0.786		
	CID7	1.313	0.098	13.386	***	0.853		
	CID8	1.403	0.106	13.266	***	0.846		
建筑企业	CED1	1.000				0.672	0.924	0.603
	CED2	1.262	0.115	10.934	***	0.815		
	CED3	1.289	0.113	11.402	***	0.857		
	CED4	1.135	0.112	10.102	***	0.744		
	CED5	0.907	0.092	9.898	***	0.727		
	CED6	1.083	0.105	10.348	***	0.765		
	CED7	1.148	0.104	11.013	***	0.822		
	CED8	1.175	0.110	10.68	***	0.793		
政府主管部门	GD1	1.000				0.775	0.911	0.560
	GD2	0.977	0.079	12.436	***	0.787		
	GD3	0.923	0.081	11.422	***	0.732		
	GD4	0.837	0.079	10.532	***	0.683		
	GD5	0.898	0.077	11.613	***	0.743		
	GD6	0.927	0.079	11.804	***	0.753		
	GD7	0.972	0.084	11.536	***	0.739		
	GD8	1.021	0.084	12.160	***	0.772		

（续）

构面	题项	非标准化因素负荷	标准误	临界比	P 值	标准化因素负荷	总临界比	平均变异萃取量
农民工内在	CWID1	1.000				0.781	0.855	0.544
	CWID2	1.033	0.088	11.697	***	0.778		
	CWID3	1.091	0.089	12.255	***	0.815		
	CWID4	0.817	0.082	9.923	***	0.670		
	CWID5	0.788	0.086	9.206	***	0.626		
社会力量	SFD1	1.000				0.927	0.932	0.775
	SFD2	0.985	0.040	24.894	***	0.941		
	SFD3	0.921	0.054	16.908	***	0.802		
	SFD4	0.959	0.051	18.857	***	0.843		
职业素养	VQT1	1.000				0.781	0.789	0.650
	VQT2	1.066	0.175	6.102	***	0.831		
社会文明素养	SLT1	1.000				0.937	0.861	0.757
	SLT2	0.861	0.091	9.500	***	0.798		

注：***表示 $P < 0.001$。

5.3.5　相关分析

前文通过效度分析和信度分析来确定维度的结构及对应的题目，从而计算得出各个维度的题目得分平均值，并以此作为维度的得分，然后再进行相关分析，旨在研究变量的相互关系，相关系数的取值范围介于−1 至 1 之间，绝对值越大表明变量之间的相关性越紧密[147][148]。相关系数详细的分类方法如下：$|r| = 1$，完全相关；$|r| \leqslant 0.70 < 0.99$，高度相关；$0.40 \leqslant |r| < 0.69$，中度相关；$0.10 \leqslant |r| < 0.39$，低度相关；$|r| < 0.10$，微弱相关或无相关[149][150]。

由表 5.11 可知，建筑行业与建筑企业之间的线性关系为 0.244 且 $P < 0.05$，表明建筑行业与建筑企业之间存在显著的正向相关关系；建筑行业、建筑企业与政府主管部门之间的线性关系分别为 0.216、0.327 且 $P < 0.05$，表明建筑行业、建筑企业与政府主管部门之间均存在显著的正向相关关系；建筑行业、建筑企业、政府主管部门与农民工内在之间的相关关系分别为 0.042、0.229、0.295 且 $P < 0.05$，表明建筑企业、政府主管部门与农民工内在之间均存在显著的正向相关关系；建筑行业、建筑企业、政府主管部门、农民工内在与社会力量之间的相关关系分别为 0.173、0.261、0.340、0.215 且 $P < 0.05$，表明建筑行业、建筑企业、政府主管部门、农民工内在与社会力量之间

均存在显著的正向相关关系；建筑行业、建筑企业、政府主管部门、农民工内在、社会力量与职业素养之间的相关关系分别为 0.185、0.290、0.258、0.247、0.157 且 $P<0.05$，表明建筑行业、建筑企业、政府主管部门、农民工内在、社会力量与职业素养之间均存在显著的正向相关关系；建筑行业、建筑企业、政府主管部门、农民工内在、社会力量、职业素养与社会文明素养之间的相关关系分别为 0.170、0.293、0.397、0.347、0.262、0.184 且 $P<0.05$，表明建筑行业、建筑企业、政府主管部门、农民工内在、社会力量、职业素养与社会文明素养之间均存在显著的正向相关关系；建筑行业、建筑企业、政府主管部门、农民工内在、社会力量、职业素养、社会文明素养与培训体系之间的相关关系分别为 0.066、0.185、0.334、0.249、0.186、0.234、0.298 且 $P<0.05$，表明建筑行业、建筑企业、政府主管部门、农民工内在、社会力量、职业素养、社会文明素养与培训体系之间均存在显著的正向相关关系。

表 5.11　各要素相关性分析

要素	建筑行业	建筑企业	政府主管部门	农民工内在	社会力量	职业素养	社会文明素养	培训体系
建筑行业	1							
建筑企业	0.244**	1						
政府主管部门	0.216**	0.327**	1					
农民工内在	0.042	0.229**	0.295**	1				
社会力量	0.173**	0.261**	0.340**	0.215**	1			
职业素养	0.185**	0.290**	0.258**	0.247**	0.157*	1		
社会文明素养	0.170*	0.293**	0.397**	0.347**	0.262**	0.184**	1	
培训体系	0.066	0.185**	0.334**	0.249**	0.186**	0.234**	0.298**	1

注：**代表在 0.01 级别（双尾）相关性显著，*代表在 0.05 级别（双尾）相关性显著。

5.4　建筑业农民工培训机理结构方程模型检验与修正

5.4.1　结构方程模型假设检验

应用结构方程模型作为理论模型进行验证时，合理的模型配适度是结构方程模型分析的必要条件，经由配适度分析模型所得期望共变异数矩阵与样本共变异数矩阵的一致性程度越高代表模型与样本越接近[151]。基于此，相关研究必须考虑结构方程模型所提供的重要相关统计指标，选取 CMIN 检验、

CMIN/DF 的比值、配适度指标（GFI）、调整后的配适度（AGFI）、平均近似误差均方根（RMSEA）、非基准配适度指标（NNFI）、渐增式配适度指标（IFI）、比较配适度指标（CFI）等进行整体模型的配适度评估，综合考量各个指标值，当绝大多数指标都满足要求时，可以认为模型与数据拟合度较好[152][153]。建筑业农民工培训初始结构方程模型如图 5.4 所示。

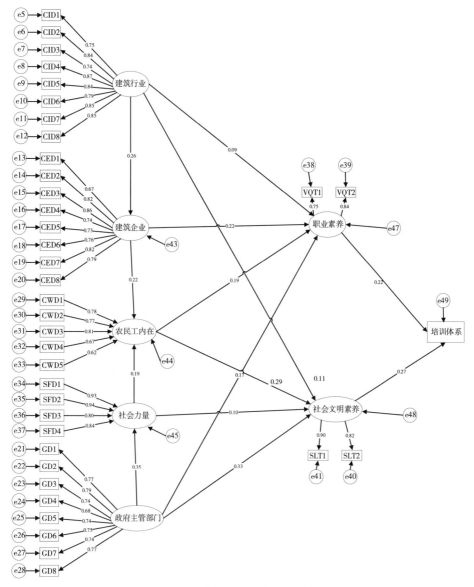

图 5.4　建筑业农民工培训初始结构方程模型

（1）结构方程模型拟合度

由表 5.12 可知，CMIN/DF 为 1.584，小于 3 的标准；IFI、TLI、CFI 均达到 0.9 以上标准；RMSEA 为 0.051，小于 0.08；GFI＝0.816，达到 0.8 以上标准；AGFI＝0.790，没有达到 0.8 以上标准。因此，可以认为该模型的配适度未达到最优标准，可以将模型进行修正优化，以至模型达到最优拟合度[154]。

表 5.12　模型拟合度

拟合指标	测量值	可接受范围
CMIN	1 029.641	
DF	650	
CMIN/DF	1.584	＜3
GFI	0.816	＞0.8
AGFI	0.790	＞0.8
RMSEA	0.051	＜0.08
IFI	0.931	＞0.9
TLI（NNFI）	0.925	＞0.9
CFI	0.930	＞0.9

（2）结构方程模型路径系数

由表 5.13 可知，除了建筑行业→职业素养、社会力量→职业素养、建筑行业→社会文明素养、建筑企业→社会文明素养、社会力量→社会文明素养这 5 条路径的 P 值大于 0.05 的显著标准，表明均不具有显著的影响。假设没有得到支持，其他各条路径的 P 值均小于 0.05 的显著标准，因此假设均得到支持。

表 5.13　结构方程模型路径系数

路径关系			标准化系数	非标准化系数	标准误差	T 值	P 值	假设成立支持
建筑企业	←	建筑行业	0.256	0.286	0.082	3.494	***	支持
社会力量	←	政府主管部门	0.349	0.426	0.087	4.902	***	支持
农民工内在	←	建筑企业	0.213	0.201	0.07	2.853	0.004	支持

（续）

路径关系			标准化系数	非标准化系数	标准误差	T 值	P 值	假设成立支持
农民工内在	←	社会力量	0.187	0.121	0.047	2.592	0.01	支持
职业素养	←	建筑企业	0.22	0.255	0.097	2.633	0.008	支持
职业素养	←	建筑行业	0.085	0.11	0.099	1.118	0.263	不支持
职业素养	←	农民工内在	0.186	0.229	0.102	2.24	0.025	支持
职业素养	←	社会力量	0.021	0.017	0.064	0.264	0.792	不支持
职业素养	←	政府主管部门	0.166	0.161	0.08	2.02	0.043	支持
社会文明素养	←	建筑行业	0.081	0.118	0.1	1.178	0.239	不支持
社会文明素养	←	建筑企业	0.14	0.181	0.094	1.925	0.054	不支持
社会文明素养	←	农民工内在	0.27	0.371	0.106	3.515	***	支持
社会文明素养	←	社会力量	0.078	0.069	0.065	1.07	0.285	不支持
社会文明素养	←	政府主管部门	0.307	0.335	0.085	3.953	***	支持
培训体系	←	社会文明素养	0.270	0.325	0.085	3.827	***	支持
培训体系	←	职业素养	0.216	0.292	0.1	2.928	0.003	支持

5.4.2 结构方程模型修正

结构方程模型修正一般通过将内外部变量间的路径关系进行更换和对残差协方差进行修正这两种方法[155][156]。

（1）初次模型修正

由 5.4.1 节可知，假设没有得到支持，满足以上第一种修正方法要求，需要将建筑行业→职业素养、社会力量→职业素养、建筑行业→社会文明素养、建筑企业→社会文明素养、社会力量→社会文明素养这 5 条路径进行删除作为模型的初次修正，删除后再次执行模型得到图 5.5。

从表 5.14 可知，CMIN/DF 为 1.586，小于 3 的标准；IFI、TLI、CFI均达到 0.9 以上标准；RMSEA 为 0.051，小于 0.08；GFI＝0.815，达到 0.8 以上标准；AGFI＝0.791，没有达到 0.9 以上标准。因此，可以认为该模型的配适度未达到最优标准，可以将模型进行修正优化，以至模型达到最优拟合度。

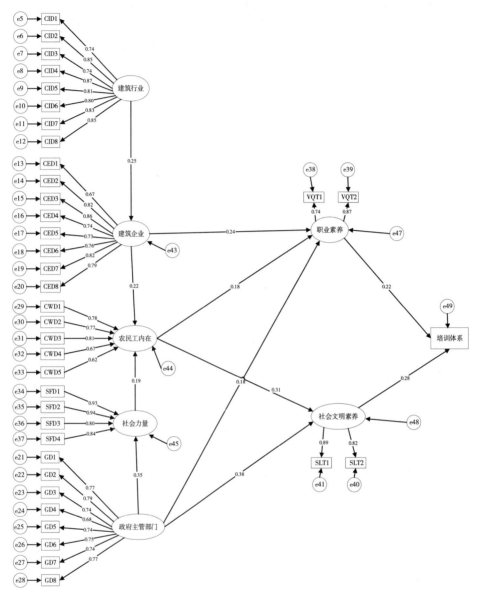

图 5.5　初次修正模型

表 5.14　初次修正结构方程模型拟合度

拟合指标	测量值	可接受范围
CMIN	1 038.779	
DF	655	

（续）

拟合指标	测量值	可接受范围
CMIN/DF	1.586	<3
GFI	0.815	>0.9
AGFI	0.791	>0.9
RMSEA	0.051	<0.08
IFI	0.930	>0.9
TLI（NNFI）	0.925	>0.9
CFI	0.930	>0.9

由表 5.15 可知，各个路径的 P 值均达到了小于 0.05 的显著标准，假设均得到支持，则不满足本文提出的第一种模型修正要求，因此可用第二种方法进行修正，修正指数提供信息让研究人员修正模型以达更佳的模型配适度，修正指数偏大代表模型需要重新设定，修正指数出现在变量与变量之间意味着这两个变量有共线性的关系存在，修正指数出现在变量与变量的残差之间则代表这两个变量不独立，一般通过选择其一予以删除并重新分析，重复以上步骤，直到所得测量模型达到可接受的配适度为止[157]。经由查看修正指数可知，通过修正残差指标对模型进行调整从而减少卡方值，表 5.15 是残差间协方差修正指数，表示两个残差间一条相关路径确认后能够减少模型的卡方值[158]。

表 5.15　结构方程模型路径系数

路径关系			标准化系数	非标准化系数	标准误差	T 值	P 值	假设成立支持
建筑企业	←	建筑行业	0.258	0.288	0.082	3.510	***	支持
社会力量	←	政府主管部门	0.353	0.430	0.087	4.965	***	支持
农民工内在	←	建筑企业	0.220	0.208	0.071	2.945	0.003	支持
农民工内在	←	社会力量	0.191	0.124	0.047	2.648	0.008	支持
职业素养	←	建筑企业	0.239	0.272	0.094	2.900	0.004	支持
职业素养	←	农民工内在	0.185	0.222	0.098	2.260	0.024	支持
职业素养	←	政府主管部门	0.182	0.173	0.074	2.341	0.019	支持
社会文明素养	←	农民工内在	0.309	0.436	0.106	4.133	***	支持
社会文明素养	←	政府主管部门	0.383	0.428	0.085	5.054	***	支持
培训体系	←	社会文明素养	0.279	0.327	0.082	3.972	***	支持
培训体系	←	职业素养	0.218	0.300	0.100	2.999	0.003	支持

（2）第二次模型修正

从残差修正指数最大值的两个观测变量开始建立相关关系，最终在 e9 和 e11 之间建立相关关系作为模型修正，修正后模型再次执行得到图 5.6。

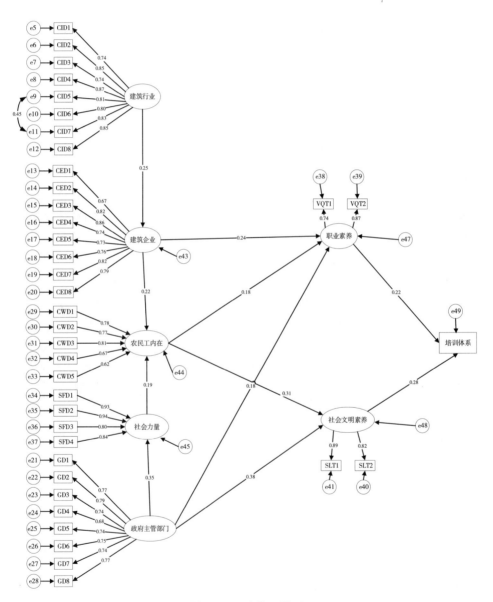

图 5.6　二次修正模型

从表 5.16 可知，CMIN/DF 为 1.527，小于 3 的标准；IFI、TLI、CFI 均达到 0.9 以上标准；RMSEA 为 0.049，小于 0.08；GFI＝0.821，达到 0.8 以上标准；AGFI＝0.797，没有达到 0.8 以上标准，因此可以认为模型的配适度没有达到最优标准，可以将模型进行修正优化，以至模型达到最优拟合度。

通过修正指数可以发现，对模型进行残差修正可以减少卡方值，表 5.16 是残差间协方差修正指数，表示两个残差间一条相关路径确认后能够减少模型的卡方值[159]。

表 5.16 模型拟合度

拟合指标	测量值	可接受范围
CMIN	998.873	
DF	654	
CMIN/DF	1.527	＜3
GFI	0.821	＞0.8
AGFI	0.797	＞0.8
RMSEA	0.049	＜0.08
IFI	0.937	＞0.9
TLI（NNFI）	0.932	＞0.9
CFI	0.937	＞0.9

（3）第三次模型修正

由表 5.17 可知，从残差 MI 最大值的两个观测变量开始建立相关关系，最终在 e5 和 e7 之间建立相关关系作为模型修正，修正后模型再次执行得到图 5.7。

从表 5.17 可知 CMIN/DF 为 1.503，小于 3 的标准；GFI＝0.824、AGFI＝0.801 均达到 0.8 以上标准；IFI、TLI、CFI 均达到 0.9 以上标准；RMSEA 为 0.047，小于 0.08。所有的拟合指标均符合一般结构方程模型研究的标准，因此可以认为模型有不错的配适度。

表 5.17 模型拟合度

拟合指标	测量值	可接受范围
CMIN	981.594	
DF	653	
CMIN/DF	1.503	＜3
GFI	0.824	＞0.8
AGFI	0.801	＞0.8
RMSEA	0.047	＜0.08

（续）

拟合指标	测量值	可接受范围
IFI	0.940	＞0.9
TLI（NNFI）	0.935	＞0.9
CFI	0.940	＞0.9

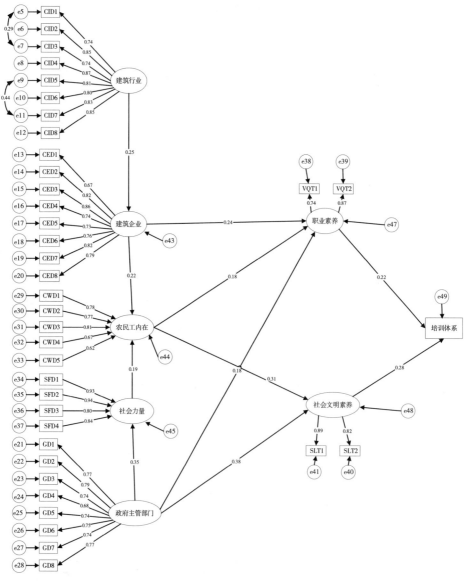

图 5.7　第三次修正模型

5.5　验证结果及分析

5.5.1　结果分析

由表5.18、表5.19可知，结构方程模型假设检验结果如下：

（1）支持的假设检验

①H1的假设检验。建筑行业驱动力对建筑企业驱动力的路径标准化系数为0.254且$P<0.05$，这一结果直接表明建筑行业对建筑企业驱动力的正向相关影响显著，建筑行业的发展对建筑企业转型升级具有明显推动作用，行业政策的推行对企业制定相应的培训措施有着正向导向作用。因此，实证研究支持H1的假设。

②H2的假设检验。建筑企业驱动力对农民工内在驱动力的标准化系数为0.220且$P<0.05$，这一结果直接表明建筑企业对建筑业农民工内在驱动的正向相关影响显著。作为最直接的用工主体，建筑企业在建筑业农民工培训过程中，其用工政策、工人培养计划、薪酬制度、技能鉴定等对建筑业农民工参与培训的意愿及能否实现技能提升，起着直接的推动作用。因此，实证研究支持H2的假设。

③H3的假设检验。政府主管部门驱动力对社会力量驱动力的标准化系数为0.353且$P<0.05$，这一结果直接表明政府主管部门对社会力量的正向相关影响显著。政府主管部门对培训工作的重视和引导，可以让更多培训机构、科研单位参与培训体系建设，建立科学的建筑业农民工向产业工人转化系统化培训成效考核体系，可以引入更多社会资本参与培训工作。因此，实证研究支持H3的假设。

④H4的假设检验。社会力量对建筑业农民工内在的标准化系数为0.191且$P<0.05$，这一结果直接表明社会力量对农民工内在的正向相关影响显著。培训机构等社会力量是否根据建筑产业发展的新要求、新技术、新规范建立健全培训教学标准体系、更新培训课程内容、制定建筑产业工人培养方案，是否增加社会通识、公共道德、社会法制等建筑业农民工城市融入能力培训，对建筑业农民工内在素养的提升起到正向推动作用。因此，实证研究支持H4的假设。

⑤H6的假设检验。建筑企业对建筑业农民工职业素养培训的标准化系数为0.239且$P<0.05$，这一结果直接表明建筑企业对建筑业农民工职业素养培训的正向相关影响显著。作为建筑业农民工系统化培训的主要责任方，建筑企业可以通过制定建筑产业工人培养计划、优化整合培训资源、建立培训基地等

对职业化培训产生直接的正面效应。因此，实证研究支持 H6 的假设。

⑥H7 的假设检验。农民工内在驱动力对建筑业农民工职业素养培训的标准化系数为 0.185 且 $P<0.05$，这一结果直接表明农民工内在驱动力对职业素养的正向相关影响显著。说明建筑业农民工作为培训系统中的种子，其内在是否具备可转化为产业工人的能力，对其职业化提升的可能性和提升空间产生重要影响。因此，实证研究支持 H7 的假设。

⑦H11 的假设检验。农民工内在驱动力对社会文明素养的标准化系数为 0.309 且 $P<0.05$，这一结果直接表明建筑业农民工内在驱动力对其市民化的正向相关影响显著。原因在于建筑业农民工自身是否具有主动融入城市的意愿，以及遵守城市规章制度、城市文明规范的能力，对其自身社会文明素养的培训效果有着重要影响。因此，实证研究支持 H11 的假设。

⑧H13 的假设检验。政府主管部门对社会文明素养的标准化系数为 0.383 且 $P<0.05$，这一结果直接表明政府主管部门对建筑业农民工市民化的正向相关影响显著。建筑业农民工市民化培训需要协调多个相关利益主体，如企业、农民工、社区等，需要有相关职能部门的引导，并开展相关工作，才能创造出一个营造重视技能、崇尚技能的行业氛围和利于建筑业农民工融入的社会环境。政府对于建筑业农民工向产业工人转化培训工作的重视和引导，能够直接推动和影响农民工社会文明素养的培训效果。因此，实证研究支持 H13 的假设。

⑨H14、H15 的假设检验。社会文明素养对培训体系的标准化系数为 0.279 且 $P<0.05$，这一结果直接表明社会文明素养对建筑业农民工培训系统的正向相关影响显著。职业素养对培训体系的标准化系数为 0.218 且 $P<0.05$，这一结果直接表明建筑业农民工职业素养对培训体系的正向相关影响显著，说明市民化培训和职业化培训构成建筑业农民工系统化培训的核心。建筑业农民工社会文明素养培训成果和职业素养培训成果越好，培训体系设计和运行就越完善。因此，实证研究支持 H14、H15 的假设。

表 5.18 结构方程模型路径系数

路径关系		标准化系数	非标准化系数	标准误差	T 值	P 值	假设成立支持
建筑企业	← 建筑行业	0.254	0.288	0.084	3.443	***	支持
社会力量	← 政府主管部门	0.353	0.430	0.087	4.965	***	支持
农民工内在	← 建筑企业	0.220	0.208	0.071	2.946	0.003	支持
农民工内在	← 社会力量	0.191	0.124	0.047	2.649	0.008	支持

（续）

	路径关系		标准化系数	非标准化系数	标准误差	T 值	P 值	假设成立支持
职业素养	←	建筑企业	0.239	0.272	0.094	2.899	0.004	支持
职业素养	←	农民工内在	0.185	0.222	0.098	2.26	0.024	支持
职业素养	←	政府主管部门	0.182	0.173	0.074	2.341	0.019	支持
社会文明素养	←	农民工内在	0.309	0.436	0.106	4.133	***	支持
社会文明素养	←	政府主管部门	0.383	0.428	0.085	5.054	***	支持
培训体系	←	社会文明素养	0.279	0.327	0.082	3.972	***	支持
培训体系	←	职业素养	0.218	0.300	0.100	2.999	0.003	支持

表 5.19　研究假设及结论

标号	研究假设	是否支持
H1	建筑企业驱动力受到建筑行业驱动力的正向影响	支持
H2	农民工内在驱动力受到建筑企业驱动力的正向影响	支持
H3	社会力量驱动力受到政府驱动力的正向影响	支持
H4	农民工内在驱动力受到社会力量驱动力的正向影响	支持
H5	职业素养培训受到建筑行业驱动力的正向影响	不支持
H6	职业素养培训受到建筑企业驱动力的正向影响	支持
H7	职业素养培训受到农民工内在驱动力的正向影响	支持
H8	职业素养培训受到社会力量驱动力的正向影响	不支持
H9	社会素养培训受到建筑行业驱动力的正向影响	不支持
H10	社会素养培训受到建筑企业驱动力的正向影响	不支持
H11	社会素养培训受到农民工内在驱动力的正向影响	支持
H12	社会素养培训受到社会力量驱动力的正向影响	不支持
H13	社会素养培训受到政府驱动力的正向影响	支持
H14	建筑业农民工培训系统受到职业素养培训的正向影响	支持
H15	建筑业农民工培训系统受到社会素养培训的正向影响	支持

（2）拒绝的假设检验

①H5 的假设检验。经由分析结果表明，职业素养培训成果受到建筑行业驱动力正向影响不显著，这主要是因为建筑行业对农民工职业化培训不能产生

直接的推动作用，而是通过建筑企业这一作用载体，将行业驱动力转化为企业推进培训的政策措施来进一步推动职业化培训的开展。H6 的假设成立也印证了这一点。因此，实证研究拒绝 H5 的假设。

②H8、H12 的假设检验。经由分析结果表明，社会力量驱动力对于职业化培训、市民化培训的正向影响并不显著，主要原因在于培训机构、科研机构、社会团体等社会力量，对建筑业农民工向产业工人转化培训成果的影响，更主要还是通过作用在建筑业农民工身上来提升农民工内在的学习意愿，使知识转化能力得以实现。因此，实证研究拒绝 H8、H12 的假设。

③H9、H10 的假设检验。经由分析结果表明，市民化培训受到建筑行业驱动力、建筑企业驱动力正向影响不显著，主要原因是建筑行业的推动、建筑企业培训计划的制定更注重职业化提升，对社会文明素养培训方面的推动主要是通过农民工内在驱动力这个载体得以转化实现。社会文明素养培训主要是提升农民工融入城市生活的能力，在这方面建筑行业、建筑企业还不足以用直接推动的方式来促进农民工社会文明素养的提升。社会文明素养的提升需要有更多利益主体的配合，需要更强大的推动力，H13 的假设成立印证了这一点。因此，实证研究拒绝 H9、H10 的假设。

5.5.2 关键路径识别

根据表 5.19 可以分析出驱动建筑业农民工向产业工人转化的关键路径（图 5.8）。

路径一：建筑行业驱动力、建筑企业驱动力、职业素养培训、建筑业农民工向产业工人转化培训体系（CID-CED-VQT-WTS）。

路径二：建筑行业驱动力、建筑企业驱动力、农民工内在驱动力、职业素养培训、建筑业农民工向产业工人转化培训体系（CID-CED-CWID-VQT-WTS）。

路径三：政府驱动力、社会力量驱动力、农民工内在驱动力、职业素养培训、建筑业农民工向产业工人转化培训体系（GD-SFD-CWID-VQT-WTS）。

路径四：建筑行业驱动力、建筑企业驱动力、农民工内在驱动力、社会文明素养培训、建筑业农民工向产业工人转化培训体系（CID-CED-CWID-SLT-WTS）。

路径五：政府驱动力、社会文明素养培训、建筑业农民工向产业工人转化培训体系（GD-SLT-WTS）。

路径六：政府驱动力、社会力量驱动力、农民工内在驱动力、社会文明培训、建筑业农民工向产业工人转化培训体系（GD-SFD-CWID-SLT-WTS）。

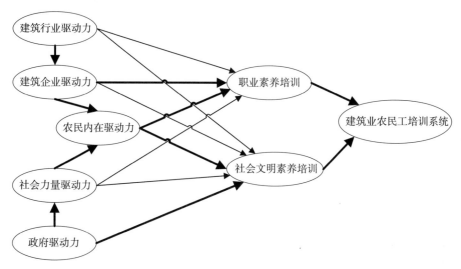

图 5.8 关键线路图

由此可知，政府驱动力和建筑行业驱动力对建筑业农民工培训系统的运作起到重要的推动作用。从结构方程模型显示的关键路径结果也可以看出，建筑行业、建筑企业、社会力量、政府等外部因素，通过作用在农民工内在驱动力上进而推动建筑业农民工的职业化培训和市民化培训。建筑企业对职业素养培训具有直接推动作用，企业是建筑业工人培训成果最直接的受益方之一，也是培训效果最直接的作用方之一。在社会文明素养培训方面，除了农民工自身具有提升素质的愿望和能力之外，政府的推动作用直接相关且尤为重要。

5.6 本章小结

本章开展了建筑业农民工培训系统的运行机理理论模型的构建及验证工作。一是构建建筑业农民工培训机理理论框架。研究模型包括建筑行业驱动力、政府驱动力、建筑企业驱动力、社会力量驱动力 4 个外生潜变量，以及建筑业农民工内在驱动力、建筑业农民工职业素养培训、建筑业农民工社会文明素养培训、建筑业农民工培训系统 4 个内生潜变量，基于此提出 15 项研究预设，设置 38 个观测变量进行要素量表构建。二是进行问卷的设计与修正、数据采集、数据的描述性统计分析及其信度和效度检验，再进行量表验证性因素分析。三是进行培训系统运行机理结构方程模型检验与修正，验证本文提出的假设，得出以下主要结论：政府驱动力和建筑行业驱动力对建筑业农民工培训系统的运作起到重要的推动作用。通过模型的拟合和优化，得出六条关键路径。从结构方程模型显示的关键路径结果也可以看出，建筑行业、建筑企业、社会力量、政府等外部因素，通过作用在农民工内在驱动力上，进而推动建筑业农民工的职业化培训和市民化培训。建筑企业对职业素养培训具有直接推动作用，企业是建筑业工人培训成果最直接的受益方之一，也是培训效果最直接的作用方之一。在社会文明素养培训方面，除了农民工自身具有提升素质的愿望和能力之外，政府的推动作用直接相关且尤为重要。

6 | 提升建筑业农民工培训系统功能的对策研究

理论来源于实践，最终要回到实践并指导实践。建筑业农民工培训系统的构建，是对我国建筑业领域长期以来农民工培训实践的规律性反思、总结和理论抽象。建筑业农民工培训系统的功能能够有效发挥，是培训效果得以实现的保证。那么，如何提升系统"种子、土壤、环境"三要素功能的发挥，是本章亟待进一步回应和解决的问题。

6.1 研究思路

基于第 5 章的模型拟合和优化分析可知，建筑业农民工培训系统的运行机理模型中包括建筑行业驱动力、建筑企业驱动力、农民工内在驱动力、职业化培训、市民化培训、培训体系这六个方面。而在种子萌发理论视角下，建筑业农民工培训系统应用成败的关键在于建筑业农民工自身条件、培训体系实施及外部环境条件能否发挥实际效用。为此，本章将结合第 4 章、第 5 章的研究成果，在种子萌发理论视角下对建筑业农民工培训系统要素功能提升进行研究并提出对策，如图 6.1 所示。

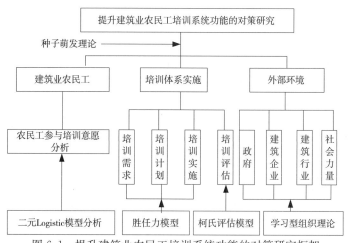

图 6.1 提升建筑业农民工培训系统功能的对策研究框架

6.2 增强培训种子吸收转化能力研究

如前所述，建筑业农民工作为培训系统中的种子，其人力资本的提升取决于农民工的先天即受教育程度及后天即培训效果。《农民工监测调查报告》显示，农民工大专及以上占比变化虽然略有提升，但是平均受教育年限变化甚小，2016 年的平均受教育年限仅比 2004 年多 0.34 年。由此可见，农民工人力资本中受教育程度不足的情况并不能在短时间内得以有效解决，必须依靠培训才能从根本上有效解决农民工人力资本低下的问题。在第 3 章的访谈分析中，研究发现农民工作为培训系统的主体、培训的直接受益方，其参与培训的主观意愿是影响培训效果的关键因素。农民工是否参加过培训、对培训的认知和期望值等都直接影响着农民工主体对培训内容的重视和吸收掌握，因此有必要从农民工自身角度出发，详细探讨建筑业农民工参与培训意愿的影响因素。

6.2.1 建筑业农民工培训意愿影响因素模型构建

（1）模型的选择

对于影响因素的模型选择中，最普遍采用的是二元 Logistic 模型和线性回归模型。线性回归模型的优点是函数关系简洁易懂、样本数据容易获得，缺点是在样本数据不足的情况下误差较大，只针对其中单因素进行分析，分析的因素过于单一，结果不够精确；作为普通多元线性回归模型的深化扩展，二元 Logistic 模型主要应用于多因素影响的行为事件概率预测[160]。该模型适用于某一行为事件中两种可能性的结果。本文所研究分析的影响建筑业农民工参与系统化培训的意愿，根据前面的分析，农民工参与培训的意愿虽然受多方面的因素影响，但最终的结果只能是"愿意接受培训"或者"不愿意接受培训"，是一个 [0，1] 的二分类变量。因此，对建筑业农民工参与系统化培训意愿的分析属于离散选择问题，概率模型更加适用，所以采用二元 Logistic 模型效果较好。为此，本文选择采用二元 Logistic 模型来确定相关影响因子对建筑业农民工系统化培训的影响程度。

（2）模型的建立

本文采用 SPSS 22.0 软件来分析建筑业农民工向产业工人转化系统化培训的影响因素，Logistic 模型的基本形式如下：

$$P_j = F(\alpha + \sum\nolimits_{i=1}^{m}\beta_i X_{ji} + \mu_j) = 1/\{1 + \exp[-(\alpha + \sum\nolimits_{i=1}^{m}\beta_i X_{ji} + \mu_j)]\}$$

$$(6.1)$$

根据式（6.1）得到：

$$\ln \frac{P_j}{1-P_j} = \alpha + \sum_{i=1}^{m}\beta_i X_{ji} + \varepsilon_j \tag{6.2}$$

式（6.2）中，P_j 为第 j 个样本采取某一行为的概率，X_j 为第 i 个影响因素，β_j 为影响因素的回归系数，α 为截距项，ξ_j 为误差项。

6.2.2 建筑业农民工培训意愿影响因素变量选择

影响建筑业农民工参与培训的意愿因素众多，本文选取对建筑业农民工而言可能最直接相关的 9 个因素，分别是性别、年龄、文化程度、婚姻状况、日收入、培训平均费用、培训方式、信赖的培训机构、培训时长。模型的变量解释及统计性描述如表 6.1 所示，数据来源为前述章节 4.5.2 的调研数据。

表 6.1 模型变量说明及统计性描述

变量名	变量定义	均值	标准差	预期方向
被解释变量				
培训需求意愿	有需求＝1、无需求＝0	0.73	0.27	
解释变量				
性别	男性＝1、女性＝0	0.87	0.32	＋
年龄	20～29 岁＝1、30～39 岁＝2、40～49 岁＝3、50 岁以上＝4	2.67	0.81	－
文化程度	小学以下＝1、小学＝2、初中＝3、高中及中专＝4、大专及以上＝5	2.68	0.90	＋
婚姻状况	未婚＝1、已婚＝2、其他＝3	1.85	0.39	＋/－
日收入	300 元及以下＝1、301～500 元＝2、501～700 元＝3、701 元及以上＝4	1.83	0.96	＋/－
培训平均费用	免费＝1、300 元及以下＝2、301～500 元＝3、501 元及以上＝4	1.41	0.82	－
培训方式	现场培训＝1、面对面授课＝2、多媒体培训＝3、多方式集合＝4、都可以＝5	2.60	1.37	＋/－
信赖的培训机构	政府负责的培训机构＝1、职业院校的培训机构＝2、企业或行业协会的培训机构＝3、社会职业中介培训机构＝4	2.27	0.95	＋/－
培训时长	一天以内＝1、一星期以内＝2、一个月以内＝3、一个月以上＝4	1.61	0.82	＋/－

6.2.3 建筑业农民工培训意愿影响因素分析

通过问卷回收的数据统计和分析情况，本文运用 SPSS 22.0 软件，着重对建筑业农民工系统化培训影响的因子进行分析。通过粗略分析所选取的 9 个因素，可知系统化培训的影响程度较大。

(1) 相关系数矩阵检验

表 6.2 是相关系数矩阵，从表中可以看出性别、年龄、文化程度、日收入等多项相关系数大于 0.3，适合进行因子分析。

表 6.2　相关系数矩阵

	影响因素	培训需求意愿	性别	年龄	婚姻状况	文化程度	日收入	培训平均费用	培训方式	信赖的培训机构	培训时长
相关系数	培训需求意愿	1.000	0.080	−0.615	−0.271	0.321	0.347	0.193	0.582	−0.067	0.242
	性别	0.080	1.000	−0.003	0.053	−0.127	−0.284	−0.046	0.104	0.059	−0.220
	年龄	0.615	−0.003	1.000	0.633	0.219	−0.813	−0.486	−0.860	−0.319	0.117
	婚姻状况	−0.276	0.053	0.633	1.000	0.016	−0.589	−0.145	−0.545	−0.054	0.112
	文化程度	0.321	−0.127	0.219	0.016	1.000	−0.322	−0.205	−0.322	−0.268	0.800
	日收入	0.345	−0.284	−0.810	−0.591	−0.321	1.00	0.458	0.758	0.327	−0.222
	培训平均费用	0.191	−0.046	−0.486	−0.141	−0.202	0.451	1.000	0.474	0.252	−0.092
	培训方式	0.587	0.104	−0.860	−0.542	−0.322	0.754	0.475	1.000	0.104	−0.324
	信赖的培训机构	−0.070	0.059	−0.319	−0.055	−0.268	0.326	0.252	0.104	1.000	−0.059
	培训时长	0.247	−0.220	0.117	0.112	0.801	−0.223	−0.092	−0.325	−0.059	1.000
显著性	培训需求意愿		0.212	0.000	0.003	0.000	0.000	0.027	0.000	0.253	0.008
	性别	0.217		0.489	0.301	0.104	0.002	0.324	0.151	0.279	0.014
	年龄	0.000	0.489		0.000	0.014	0.000	0.000	0.000	0.001	0.124
	婚姻状况	0.004	0.301	0.000		0.435	0.000	0.075	0.000	0.296	0.135
	文化程度	0.000	0.104	0.014	0.435		0.001	0.022	0.001	0.003	0.000
	日收入	0.000	0.002	0.000	0.000	0.001		0.000	0.000	0.000	0.013
	培训平均费用	0.026	0.325	0.000	0.075	0.022	0.000		0.000	0.006	0.180
	培训方式	0.000	0.155	0.000	0.000	0.001	0.000	0.000		0.151	0.001
	信赖的培训机构	0.257	0.282	0.000	0.293	0.003	0.000	0.006	0.152		0.281
	培训时长	0.007	0.015	0.124	0.131	0.000	0.013	0.181	0.001	0.281	

(2) KMO 统计量检验和巴特利特检验

由表 6.3 可知 KMO 检验值为 0.629＞0.6，因此适合进行因子分析，巴特利特的球形度检验对应的显著性 Sig. 值为 0，小于显著性水平，则认为原始变量之间存在相关性，适合做因子分析[161][162]。

表 6.3　KMO 和巴特利特检验

检验		数值
KMO 检验值		0.629
巴特利特的球形度检验	上次读取的卡方	698.031
	自由度	46
	显著性	0.000

（3）公因子方差分析

由表 6.4 可知，公因子方差分析中如果选取 4 个公因子，提取的各项系数大部分都大于 0.8，符合因子分析要求；而培训平均费用只提取了 0.521，信息损失比较严重。

表 6.4　公因子方差

影响因素	初始值	提取
培训需求意愿	1.000	0.823
性别	1.000	0.921
年龄	1.000	0.927
婚姻状况	1.000	0.615
文化程度	1.000	0.913
日收入	1.000	0.905
培训平均费用	1.000	0.521
培训方式	1.000	0.913
信赖的培训机构	1.000	0.787
培训时长	1.000	0.897

注：提取方法为主成分分析法。

由表 6.5 可以看出，提取 4 个公因子，提取载荷平方和与旋转载荷平方和的累积百分比为 82.008%＞80%，符合准确性要求。

表 6.5　培训意愿影响因素总方差分析

组件	初始特征值			载荷平方和			旋转载荷平方和		
	合计	方差百分比（%）	累积百分比（%）	合计	方差百分比（%）	累积百分比（%）	合计	方差百分比（%）	累积百分比（%）
1	3.911	39.089	39.089	3.909	39.092	39.092	3.487	34.868	34.868

（续）

组件	初始特征值			载荷平方和			旋转载荷平方和		
	合计	方差百分比（%）	累积百分比（%）	合计	方差百分比（%）	累积百分比（%）	合计	方差百分比（%）	累积百分比（%）
2	2.050	20.472	59.561	2.048	20.472	59.561	2.057	20.556	55.424
3	1.213	12.076	71.637	1.207	12.076	71.637	1.480	14.796	70.220
4	1.037	10.329	81.966	1.033	10.329	81.966	1.179	11.788	82.008
5	0.779	7.826	89.792						
6	0.521	5.241	95.033						
7	0.206	2.046	97.079						
8	0.145	1.424	98.503						
9	0.090	0.897	99.400						
10	0.063	0.600	100.000						

注：提取方法为主成分分析法。

碎石图的主要作用在于主成分分析，从图6.2可以更加直观地看出当特征值等于4时，斜率最大，因此本文的因子分析提取4个因素较为合适。

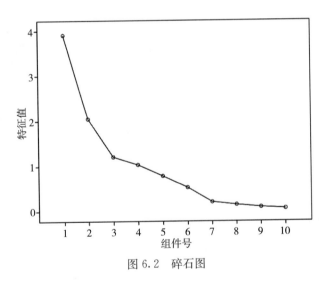

图6.2 碎石图

（4）主成分得分系数矩阵

表6.6组件1中婚姻状况得分最高，因此将组件1命名为婚姻状况，同理组件2命名为文化程度，组件3命名为性别，组件4命名为日收入。建筑业农民工参与职业培训影响因素中，本文采用因子分析法提取出的性别、婚姻状况、文化程度、日收入这四项对建筑业农民工参与职业培训影响程度较大。

表 6.6 主成分得分系数矩阵

影响因素	组件 1	组件 2	组件 3	组件 4
培训需求意愿	0.247	0.279	−0.067	0.282
性别	−0.241	−0.020	0.762	0.805
年龄	−0.233	−0.045	−0.111	−0.049
婚姻状况	0.525	0.052	0.254	0.160
文化程度	0.029	0.693	−0.061	0.007
日收入	0.195	−0.068	0.090	0.873
培训平均费用	0.011	0.062	0.421	0.012
培训方式	0.273	−0.067	−0.070	0.129
信赖的培训机构	−0.174	0.071	0.719	0.049
培训时长	−0.046	0.475	0.188	−0.072

注：提取方法为主成分分析法。旋转方法为 Kaiser 标准化最大方差法。

6.2.4 基于二元 Logistic 模型的计量检验结果及建议

（1）计量检验结果

上文选用因子分析法，使用 SPSS22.0 软件粗略地分析出性别、婚姻状况、文化程度、日收入对建筑业农民工参与职业培训影响较大，本节将使用二元 Logistic 模型对问卷设置的综合选项做影响程度的分析，以期得出更准确的结论。

模型的估计结果如表 6.7 所示，各因素对建筑业农民工培训需求的影响呈现明显差异，即性别、年龄、文化程度、婚姻状况、日收入、培训平均费用、培训方式、信赖的培训机构、培训时长等对建筑业农民工培训意愿产生显著影响。

表 6.7 建筑业农民工培训需求影响因素分析（Logistic 模型）

影响因素	分类	系数值	标准误	卡方值	P 值	优势比
年龄	20 岁以下					
	20～29 岁	0.406	0.395	8 432	0.034	1.501
	30～39 岁	0.875	0.686	4 361	0.021	1.635
	40～49 岁	−0.640	0.284	5 031	0.003	0.798
	50 岁以上	−0.746	0.313	6 785	0.023	0.532

(续)

影响因素	分类	系数值	标准误	卡方值	P 值	优势比
文化程度	小学以下					
	小学	0.689	0.404	5 367	0.022	1.852
	初中	0.832	0.295	8 052	0.042	1.765
	高中及中专	0.725	0.478	7 214	0.015	1.625
	大专及以上	0.542	0.368	6 524	0.034	1.721
婚姻状况	未婚					
	已婚	0.492	0.249	8 506	0.007	1.514
日收入	300 元及以下					
	301~500 元	0.574	0.739	5 120	0.043	1.200
	501~700 元	0.721	0.654	6 396	0.005	1.343
	701 元及以上	0.638	0.750	7 006	0.021	1.288
培训平均费用	免费					
	300 元及以下	−0.826	0.212	4 210	0.634	0.756
	301~500 元	−0.384	0.362	5 237	0.214	0.842
	501 元及以上	−0.631	0.457	6 541	0.376	0.698
培训方式	面对面					
	现场培训	0.684	0.447	4 571	0.039	1.038
	多媒体培训	−0.554	0.782	5 802	0.028	0.837
	多方式集合	0.839	0.452	6 480	0.464	1.244
	都可以	0.774	0.232	5 076	0.323	0.994
信赖的培训机构	政府负责					
	职业院校的培训机构	−0.257	0.351	3 369	0.265	1.334
	企业或行业协会的培训机构	0.674	0.649	4 421	0.017	1.083
	社会职业中介的培训机构	0.667	0.452	4 785	0.332	0.917
培训时长	一天以内					
	一星期以内	0.552	0.472	4 843	0.004	1.004
	一个月以内	−0.477	0.638	3 994	0.332	0.828
	一个月以上	−0.292	0.745	5 083	0.661	0.784
	常量	1.965	1.250	4 678	0.076	

(2) 提升农民工培训意愿的建议

第一，创造良好就业环境，吸纳新生代农民工。上述分析结果中，由培训意愿二元回归分析可知，20～29 岁和 30～39 岁年龄段的建筑业农民工对培训需求有着显著影响。处在 20～29 岁年龄段的农民工大多还未结婚，有更加充裕的时间安排培训学习，提升自己的能力，因此自身也更加愿意去参加培训。这与另外一个重要显著性因素"婚姻状况"的验证结果一致。婚姻状况对建筑业农民工接受职业培训的意愿有着显著影响。显著性 Sig.0.007＜0.05 且回归系数 $B=0.492＞0$，说明在其余条件相同的情况下，未婚的建筑业农民工参与培训的需求相对更强烈。30～39 岁年龄段是工作事业的上升期，建筑业农民工会为以后更好的发展而选择参与培训，其培训需求的发生比率为 163.5％。但当年龄超过 40 岁时，考虑家庭情况会成为主要因素，更想要一个安稳的生活，此时的回归系数均小于 0，年龄段就成为负面因素。由此表明，随着年龄的增长，建筑业农民工对培训的需求显著下降。

劳动经济学关于生命周期内人力资本的获得从理论角度解释了上述这一现象。经济学理论认为一个效率单位的人力资本的边际收益会随着工作者年龄的增长而下降，即 30 岁农民工通过培训获得的边际效益要高于 40 岁农民工。新生代农民工是建筑业未来产业工人的主体，相比传统建筑业农民工，新生代农民工受教育程度较高，更易融入城市，接受新知识、新技术方面的领悟性更强。因此，在人口红利逐渐消失和建筑产业现代化的大背景下，必须创造良好就业环境来吸纳新生代农民工从事建筑业。就业环境的创造包括软环境和硬环境。软环境方面，政府、行业、企业等相关机构必须制定相关政策，来了解和满足新生代农民工的基本诉求，通过培训增强新生代农民工的就业技能和市民化水平；硬环境方面，传统建筑业素有脏、乱、差、危等特征，难以吸引新生代农民工的就业选择。建筑工业化、信息化从根本上变革了建筑业的生产方式。将传统的以项目为据点的流动式工作场地变成固定在工厂的工作方式，施工现场脏、乱、差的"湿作业"工作环境也将由齐整规范、安全的"干作业"环境所取代。

第二，充足培训经费，确保培训经费支出的合理分配。数据分析结果表明，只有当培训平均费用为免费这个选项时，培训平均费用才会对建筑业农民工的培训需求产生显著影响。当培训开始收费时，回归系数均小于 0，即表明不管费用是多少，愿意支付的培训平均费用都成为农民工参与职业培训的负面因素。此外，日收入对建筑业农民工参与职业培训需求有显著影响。每个收入阶段的回归系数均大于 0，显著性小于 0.05，同前文所提的文化程度一样，日收入与培训意愿呈单调增长的关系，日收入越高，农民工参与职业培训的意愿就越强烈。日收入在 301～500 元的农民工培训需求比日收入在 300 元及以下的高 20％。上述两点都说明建筑业农民工对培训的认知程度对培训意愿的影响是很大的。

培训经费的支出一直是困扰培训工作开展的一个难题。建筑企业长期以来不愿意对农民工进行培训投资，主要是培训费用如何分担的问题未能得以解决。企业担心劳动力流动性太强导致成本无法回收，政策认为农民工的培训应以企业为主体，而农民工希望培训最好能免费。从经济学角度看，一般技能培训和特殊技能培训的费用支出是不一样的，一般技能培训应由农民工自己承担费用。如图 6.3 所示，培训期为 T，在培训前农民工获得工资为 W_1，在培训之后，农民工的生产效率提高，工资相应提升到 W_1^*，获得人力资本投资回报。由此可见，农民工支付了一般技能培训成本，也获得其收益。没接受培训的农民工工资则维持不变即 W_2。如果一般技能费用由建筑企业承担，农民工流动性强，培训期满后农民工很有可能跳槽到其他企业，而一般技能能够继续使用，因此，一般技能培训成本应由农民工来支付。如果培训的是特殊技能（图 6.4），农民工接受培训后获得人力资本提升，生产效率提高，农民工工资也随之提高（即由 W_1 上升至 W_1^*）。劳动生产效率的提高带来企业收益的增加，因此应综合考虑收益情况及技能的特殊性和可能存在的风险问题，特殊培训的费用应由企业和农民工一起分担。政府在制定培训经费扶持政策时应该分类考虑技能的特性问题，给予不同对象相应的精准扶持。

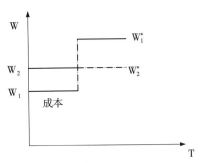

图 6.3　一般技能培训的工资效应

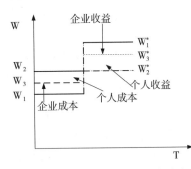

图 6.4　特殊技能培训的工资效应

第三，加强培训机构建设，积极开展培训方法探索。数据结果分析表明，培训方式对建筑业农民工的培训需求影响较为复杂。培训方式采用面对面授课和现场培训时，回归系数＝0.684＞0，显著性＝0.039＜0.05，即都对建筑业农民工职业培训的需求有着显著影响。但培训方式是多媒体培训模式时，即使显著性＝0.028＜0.05，但回归系数＝－0.554＜0，表明多媒体培训模式对建筑业农民工的培训意愿没有显著性差异。另一影响因素培训时长的分析中，当培训时长为一天以内和一星期以内时，培训时长因素会对建筑业农民工参与培训的热情产生显著影响，当培训时长为一个月以内和一个月以上时，回归系数均小于 0，在其余条件不变的情况下，培训时长成为建筑业农民工参与培训的负面因素，农民工参与培训的热情明显下降，原因是大部分建筑业农民工难以接受长时间的培训，最佳培训时长为一周内。影响因素培训机构的分析中，当举办培训的机构是政府负责或是企业或行业协会负责时，信赖的培训机构会对建筑业农民工的培训需求产生显著性影响，说明农民工更加认可政府机构举办的培训，原因可能是参加此类培训可以获得认可度较高的培训证书。职业院校的培训机构和社会职业中介的培训机构举办培训时，建筑业农民工的培训需求并未受到影响，原因可能是遭遇不正当社会职业中介导致利益受损的经历或认为培训效果不佳。

由上述分析可知，目前建筑业的培训机构在培训信用、培训方法、培训时间安排等诸多方面还难以做到紧密结合生产实际。因此，必须加强培训机构的监督管理，对建筑业农民工培训机构进行资质认定，严格审查培训机构培训师资、教学手段、实训场地、培训收费等事项，淘汰不合格的培训机构；鼓励培训信誉好、质量高的培训机构，因地、因工种、因事制宜，采取流动培训、订单式培训等多元化的培训方式，与建筑企业积极配合，制定更有针对性的培训内容、采用有效的培训方法、设置合理的培训时长，从而提高农民工培训的积极性和有效性。另外，需将培训成果与收入、就业相挂钩，增强农民工培训的积极性。总之，对于建筑业工人的技能培训要与行业发展前沿紧密契合，不断适应行业科技进步带来的培训内容变革。在思想教育方面，不断探索新的更加实用的职业教育培训方式、改革教学方法、更新教学模式，在教学中注重将行业新科技、新技术、新工艺、新理念融入其中。

6.3 改善培训土壤供给质量研究

培训土壤供给质量研究，就是完善现有培训体系的过程。本文采用英国学者博伊德尔提出的系统循环培训模式为理论基础[163]，系统循环培训模式一经提出便得到广泛的推广运用。根据系统循环培训模式，培训包括培训需求分析、培训计划制定、培训计划实施、培训效果评估、培训反馈、培训动态管理一系列连贯步骤的活动[164]。据此，本文将建筑业农民工培训系统的实施模块细分为培训需求分析、培训计划制定、培训计划实施、培训效果评估四部分。

6.3.1 基于胜任力模型的培训需求分析

(1) 培训需求分析模型选择

培训需求分析指采用科学方法探索研究谁最需要培训、为什么要培训、培训什么等问题的过程。培训需求分析是设定培训目标、培训计划、培训实施的前提和首要环节，也是进行培训评估的基础[165]。关于培训需求分析方法，大致包括 Goldstein 三层次模型、培训需求差距分析模型、前瞻性培训需求分析模型和基于胜任力的培训需求分析模型四种[166]。其中，基于胜任力的培训需求分析模型是现今主要的分析方法。

基于胜任力的培训需求分析模型，通过判断组织环境变化来识别企业的核心胜任力，在这个基础上确定企业关键岗位的胜任素质模型，对比员工的能力现状从而找出培训需求所在[167][168]。该培训需求分析模型有助于描述工作所需的行为表现，以确定员工固有素质特征，同时发现员工有待学习和提升的技能，通过模型中明确的能力标准为组织的绩效评估提供便利，促使员工建立行动导向的学习[169]。基于胜任力模型的理论优势，结合建筑业农民工向产业工人转化的背景，本文尝试将建筑业农民工系统化培训的需求分析建立在胜任力模型的框架之下。

（2）建筑产业工人胜任力模型的研究目标

建筑产业工人胜任力评价研究的总体目标是构建建筑产业工人胜任力模型，为考察、培训和提升建筑产业工人胜任力提供理论支持：对建筑产业工人各专业建模的关键事件进行分析，形成建筑产业工人胜任力特征；与建筑业各工种岗位专家进行讨论，形成建筑产业工人胜任力特征词典，作为建筑产业工人胜任力模型的编码表；通过行为事件访谈法，对建筑产业工人的关键行为特征进行分析，识别建筑产业工人应具备的胜任特征，构建新型建筑工业化背景下中国建筑产业工人的胜任力特征；检验前文识别的建筑产业工人胜任力特征在一个较大范围内是否有效；确定建筑产业工人胜任力特征所包含的层次及每个层次所具有的胜任力特征等[170]。

（3）基于胜任力模型的培训需求分析构建

对建筑业农民工向产业工人转化的培训需求进行分析，很重要的一点是要识别出建筑产业工人的特征，换言之，建筑产业工人具有的胜任力特征是培训需求重要的前提工作。只有较为准确地识别出建筑产业工人的特征，才能更有针对性地根据不同培训对象需求开展培训。对于建筑产业工人的特征识别，本研究通过以下几个环节得以实现：

一是文本分析法。基于近年来培训政策出台的密集程度及可操作性考量，抽取 2015—2019 年相关培训政策进行研究，结果表明知识型、技能型、创新型建筑产业工人队伍建设是当前国家在建筑业领域关注和强调的重点。2015年，任宏教授在第九届中国工程管理论坛上以建筑业农民工转化为产业工人为主题做了专题报告，提出建筑业农民工向产业工人转型本质上是其职业身份与社会身份的转化。基于此，本文提炼出建筑产业工人胜任力要素。

二是行为访谈。在本书研究开展的过程中，研究者多次到工地与农民工进行交流。胜任力特征的调研，是针对同一岗位的 50 名农民工，了解被调查者的基本情况（如年龄、文化程度、工作年限等），让被访者讲述所在岗位的主要任务和核心职责，让被调查者尽可能详细地讲述自己工作中遇到问题时的处置过程和经验，请被调查者结合工作经历提出自认为对于完成好其所从事工作需要的素质（问卷内容详见附录四），然后进行总结归纳。

三是胜任力词典匹配及专家访谈。胜任素质辞典是 McClelland 教授及其团队通过在世界范围内对 200 余种工作所需胜任素质进行调查分析并归纳提炼而成的 760 种行为素质，再从中提炼出 21 项通用的胜任素质要素，借此可以合理阐释各类工作中 80%～98% 的行为及后果，但因缺乏针对具体工作的精确性，具体运用过程中须根据所分析岗位的特点对要素进行修订、增减或合并，从而形成适合该工作的个性化胜任素质条目[171]。本研究分别邀请了住房和城乡建设部、重庆大学建设管理与房地产学院、中建科技集团有限公司、中建海峡建设发展有限公司、厦门建筑科学研究院集团股份有限公司、福建九龙建设集团有限公司、厦门特房集团、中建七局、厦门大学、华侨大学等相关专家和中高层管理人员结合胜任力词典要素内涵对建筑产业工人胜任力要素进行了讨论。

通过上述文献阅读和梳理、行为事件调查访谈、事故分析和胜任辞典、专家访谈比对，将收集到的资料中语义重复的条目进行合并、归纳和提炼，得到建筑产业工人胜任力特征要素 18 项（图 6.5）。

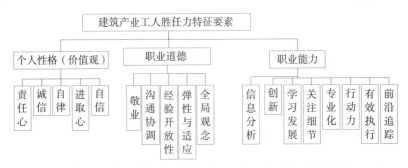

图 6.5　基于胜任力模型的建筑产业工人能力基本要素

（4）建筑产业工人胜任力框架构建

胜任能力框架的构建，能够为建筑产业工人养成、行业准入、施工履职及其管理监督发挥重要作用。在专业技能培训阶段，能够紧密联系培训活动与实际需求；在建筑业准入阶段，能够为建筑业主管部门制定准入标准提供指南，促使以能力为基础的资格、等级考试机制得以确立，适应建筑业用工实际需求；在施工履职阶段，从业人员经由对照查找差距，积极提升个人知识与技能[172][173]；在施工监管阶段，建筑企业管理人员可依此对相关技术人员进行测评，行业主管部门则可参照要求对执业人员及执业活动进行管理。

根据胜任力模型及培训需求分析方法等相关理论，本文研究认为建筑产业工人胜任力素质特征主要由个人性格（价值观）、职业道德、职业能力三方面构成，基本模型如图6.6所示。

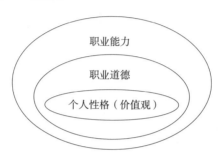

图6.6　建筑产业工人胜任力洋葱模型

①个人性格（价值观）。个人性格（价值观）综合体现了人的社会素养，包括人的修养程度、进步程度、文明程度、道德程度及精神状态，这些反映了个体的发育程度和现代化程度。价值观是职业能力的前提和基础，也是胜任能力中最基本且能够对其他能力的形成起着决定作用的要素。建筑工人要融入城市生活，实现市民化，必须具备良好的社会素养。具体来说，建筑产业工人的个性特征包括责任心、诚信、自律、进取心、自信等。

②职业道德。职业道德是胜任能力的基石，决定胜任能力的形成。建筑业不仅专业分工明确，而且关涉人身财产乃至生命安全，尤其需要建筑施工一线从业人员具备相应工种、岗位的职业道德操守，唯有如此，才能将所学知识技能更好地转化和实践，并在实践中坚守职业操守、贯彻职业道德。具体而言，建筑产业工人的职业道德包括敬业、沟通协调、经验开发性、弹性与适应、全局观念等。

③职业能力。职业能力体现为工作成果和绩效，需要通过综合性的理论教学和实践教学才能获取，并需要在持续的实践应用中才能得以发展。随着外部环境的变化，个体所具备的知识需要与时俱进，不断自主地学习与发展，从而在越来越复杂严苛的环境中更好履职，实现职业创新。具体来说，建筑产业工人职业能力包括信息分析、创新、学习发展、关注细节、专业化、行动力、有效执行、前沿追踪等。

6.3.2 基于胜任力模型的培训计划分析

培训计划是从组织战略出发，在全面客观的培训需求分析基础上对培训的内容、时间、地点、主体、对象、方式、费用等要素预先进行系统设定。编制培训计划是培训活动的重要一环，直接影响培训成败。培训矩阵是衡量培训质量的一种管理工具，主要通过对培训计划进行分类整理并与培训需求结果对应，借以准确描述岗位培训要求。编制培训矩阵是培训活动的起点，为培训计划的实施提供可靠依据，具体包括培训的对象、内容、方式、时间、师资、考核方式等板块。

(1) 基于胜任力模型的培训师资选择

培训师资队伍素质的高低很大程度上决定着培训质量和效果，培训质量和效果则相应决定着人力资本的提升。在建筑业农民工向产业工人转化过程中，培育建设一支满足建筑企业和建筑工人发展需求、基础理论扎实、专业技能水平高、实践经验丰富的师资队伍至为重要。

一是传统师资选择方式。从实践来看，建筑产业工人培训师资选择有内部培训师资和外部培训师资两种模式。前者一般是从各领导岗位和专业技术骨干中选拔，这种方式要求培训师具有高度负责的工作态度和敬业精神，能够熟练掌握特定岗位所需专业技能，具有较高理论学养和多年实践经验、较强的语言表达能力和感染力、较高的讲义课件编写能力；后者是从高等院校、科研院所、政府部门、企事业单位及其他培训机构聘请的在某一领域有一定影响力、具有良好师德和履约精神、能够接受企业日常管理和考核的专家学者，需要有较高学历专业知识理论水平、专业技术职称，并具有较丰富的实践经验和较强的操作技能[174]。传统师资选拔更倾向于考察知识、技能等表象特征，忽视动机、特质等潜在素质，应用明确性和针对性偏少，常常偏离实际需要。

二是基于胜任力的选拔模式。这种选拔模式是根据企业战略和人力资源规划的具体要求，通过各种渠道识别、挖掘、选择有价值的各领域专家，并将其配置到能够发挥其价值的培训岗位[175]。具体方式包括招聘外部具有企业岗位需要的具备胜任力的专业人才，并将其安置在合适的培训岗位，以及依据胜任力特征对企业内部优秀员工安置合理的师资岗位[176]。由于该选拔模式需求岗位的优异绩效及能够取得此优异绩效的人才所应具备的胜任特征和行为，建筑企业应当根据需求岗位的胜任力模型对应聘者的价值观及能力素质进行判断，并与岗位胜任力标准对照，预测应聘者在需求岗位的未来表现，进而决定录用与否[177]。

由此可见，基于胜任力模型的师资选拔能够帮助企业找到具有匹配价值观和品质的培训师资。由于处于胜任力结构表层的知识和技能较易于改进和获得，处于胜任力结构底层的匹配价值观和品质较难评估及改进，处于胜任力结构中部的社会角色和自我概念的改进和获得耗时耗力，因而基于胜任力的师资选拔应当将胜任力模型作为评价依据和标准，综合比较应聘者的胜任力水平与岗位胜任力模型，在此基础上做出直接录用、适当考虑或者不予录用的选拔决策，如图 6.7 所示。

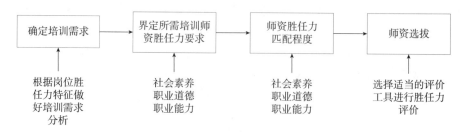

图 6.7　基于胜任力模型的建筑产业工人培训师资选拔示意

胜任力模型下的师资选择是与绩效相挂钩的，这些绩效可以体现为薪酬的变化，也可以是岗位的提升。当师资胜任力高时，所带来的培训效果即培训绩效也随之增加，与之匹配的师资等级和师资薪酬也会随之上涨[178]。

（2）基于胜任力模型的课程体系

在了解培训需求的基础上，通过培训课程体系的设置满足培训需求，是整个培训活动的重要一环。传统的课程体系比较重视专业技能方面的课程安排，对专业基础知识课程不够重视，建筑工人价值观、自信心、责任感等方面的培养课程更是罕见。根据胜任力理论，个体对于客观外部世界的认知决定了该个体的自身定位及其与他人、周围环境之间互动的方式。这种涉及处世准则、价值观和所属团体及群体的道德规范等对外部世界的认知，通常是在长期社会化过程中形成的。本节将沿用胜任力理论讨论课程体系的设置。

在建筑业农民工系统化培训过程中，培训课程设置的目标是为了满足建筑业农民工系统化培训需求，从而提升建筑工人的人力资本。上一章节运用胜任力模型将建筑产业工人的培训需求细分为社会素养需求、职业素养需求、职业能力需求，与之相对应的课程体系设置同样也根据这三个方面展开。与传统课程体系设置不同之处在于，胜任力模型下的培训课程增加了社会素养通识课板块，而且突出了这一板块的重要性。由于建筑产业工人的岗位工种不一，所需专业技能区别较大，因而可以将课程体系设置为必修课和选修课，前者包含社会素养通识课和职业素养通识课，即专业基础课和专业必修课；后者包括职业能力课程，又可分为专业选修课和专业拓展课。必修课涉及建筑产业工人知识体系的骨架结构，对于建筑工人的价值观、责任感养成及知识体系的构建意义重大。选修课是对必修课知识体系的扩展与延伸，旨在培养建筑产业工人一专多能和鼓励建筑产业工人向复合型技术人才发展[179]。

建筑业农民工系统化培训需根据不同工种和岗位，以及从业人员的专业技能操作规程，科学安排培训内容，系统设置培训课程[180]。培训所用教材根据胜任力模型，应包含建筑业农民工基本的职业道德、国家的法律法规和用工单位的规章制度、各岗位工作的流程、岗位工种的一般理论知识等内容。由于专业技能培训主要涉及架子工、瓦工、钢筋工、木工、水电工等作业，可参照大中专职业院校教材及省市技能培训标准和企业操作培训内容，也可考虑针对不同岗位的职业技能培训，结合地方特点、实际情况和相应专业要求组织编写专门教材。本节以电焊工为例，根据胜任力模型编制的课程体系，如表 6.8 所示。

表 6.8　基于胜任力模型的电焊工培训课程体系设计示意

课程类别	课程内容
社会素养通识课	城市生活向导
	农民工务工指南
	基本权益保护
	公民道德规范
	⋮
职业素养通识课	法律法规基础
	劳动保护
	农民工务工常识
	安全常识
	管理常识
	⋮
职业能力课程	机械常识
	火灾、爆炸危险及预防
	图纸基础
	焊接知识
	焊接图
	焊条电弧焊技术
	氧焊切割实训
	焊条焊接实训
	⋮

建筑业农民工系统化培训过程是渐近式的，需要根据每个阶段的岗位需求及时进行自我提升。建筑工人在每个阶段的岗位需求所具备的人力资本有所不同，本文基于胜任力模型，结合建筑工人职业生涯发展规律，依据建筑工人职业发展的不同阶段将培训对象分为低阶建筑工人、中阶建筑工人、高阶建筑工人三个层次，据此制定培训阶段性目标和培训课程。进阶依据是建筑工人在每个阶段所修得的学分及成绩。此外，由于建筑业工种较多、针对性较强，因此本文提出建立建筑产业工人培训课程库，记录每一门课程的基本信息。课程信息包含课程性质、课程阶数、专业类别、课程名称、课程学时、课程开发主体等基本信息。

6.3.3　基于胜任力模型的培训实施分析

培训计划的实施是培训活动的重要阶段和关键环节，一般包括确定培训组织机构、培训方式及培训考核等主要内容。确定培训组织机构旨在明确培训任务、实现合作分工；培训方式一般是结合培训内容的性质和参训人员的差异性，根据参训人员的反馈进行及时调整；培训考核包括确定考核内容、选用考核方式等[181]。建筑业农民工系统化培训目标就是培养出能够胜任岗位要求的建筑产业工人，如何对培训结果进行考核、以什么样的标准来确定培训对象所具有的胜任力是培训考核的关键。

（1）基于胜任力模型的培训组织机构

组织结构指组织内部的构成要素及要素之间的关系[182][183]。一般包括金字塔式和扁平式两种组织结构，区别在于组织机构设计、管理理念、管理原则、决策方式、信息处理和共享、组织资源分配等方面。前者通过增加组织的层级来实现目标管理，后者则是通过加大管理跨度、压缩减少层级来实现组织管理运作；前者主要采取集权化的决策方式，后者关注下级对组织目标的理解，重视下级的参与，形成上下级共识；前者一般采取刚性管理方式，后者重视部门之间的沟通和合作，借助网络技术实现信息的快速传递；前者最高层拥有组织资源的绝对分配权，后者则由工作流程的客观需要决定和实现资源的合理分配[184]。

建筑业农民工系统化培训是一项复杂的系统性工程，涉及不同的利益主体、决策部门，以及大量信息沟通和培训资源配置。为此，相关培训需要更直接、便捷、柔性、动态的组织结构来开展工作，相较之下扁平化架构更适合作为系统化培训组织形式。在对建筑业农民工培训现状调研中发现，目前国内的建筑企业大都采用建筑企业→内部主管部门→内部培训机构/发证中心→培训总校/分校这种组织形式。

以中建五局（房屋建筑工程施工总承包特级资质）为例，中建五局是由局、子公司、项目三级管理架构而成的企业。培训组织由校务委员会、校务委员会办公室、教务管理层、学部/分部构成。其中，校务委员会由中建五局教育委员会成员组成，统领教育培训工作，负责决定中长期培训规划等重大事项，中建五局董事长担任校长；校务委员会办公室与中建五局人力资源部合署办公，中建五局人力资源部经理兼任办公室主任，负责日常校务管理工作，监督指导学堂的培训实施工作；制定和修订兼职讲师管理制度，组织兼职讲师的选拔、评聘和晋级工作，组织制订精品课程开发计划，负责上级下达的培训任务的落实工作[185]。福建省第五建筑工程公司（房屋建筑工程施工总承包一级资质）培训组织架构由建筑企业、人力资源部门、培训考核发证中心、培训基地/实训基地/农民工学校这几部分组成。厦门特房建设工程集团有限公司（房屋建筑工程施工总承包一级资质）培训组织架构由建筑企业、人事行政部、公司职业技能培训考核小组、农民工业余学校总校/分校这几部分组成。以上几种常见的组织形式基本能够满足现有农民工职业技能培训需要，但从建筑业农民工系统化培训的长远目标和实际需要考虑，现有组织形式比较单一，缺少部门沟通协调，需要进一步转型，推动建筑业农民工培训系统快速、有序和良性地运行。

（2）基于胜任力模型的培训方式

选择何种培训方式应当充分考虑培训对象和培训内容的差异，根据培训对象所在领域工种岗位、职业发展阶段及培训内容合理选择培训方式。本文在实证调研中发现，受访的建筑工人多认为现场模拟是最有效的培训方式。讲座、视频基本能达到预期培训目的，但通过现场观摩、角色扮演等方式可达到更好的培训成果。当前我国建筑业农民工职业培训主要有演示法、传递法、团队建设法三种方式。演示法主要是由讲座、视听法形式出现，传递法是以现场培训、自我指导学习、师带徒、仿真模拟、案例研究、商业游戏、角色扮演、行为示范等形式出现，团队建设法主要包含冒险性学习及团队培训等[186]。

在"互联网＋"的时代，建筑业农民工系统化培训所采取的形式需向更加多样化和可操作性方向发展，如将建筑业培训结合物联网、云计算、大数据等先进科学技术手段，形成以微课、慕课、翻转课堂为代表的数字化课堂，推进网络教育中情景式、仿真式、探究式、生产式等教学方法的实现。不仅突破了传统培训模式下的时空制约，更为传统模式中存在的培训方式单一、培训效果不佳、费用高昂等问题提供了解决路径（表6.9）。

表 6.9 建筑业农民工培训方法汇总

培训实施方法	优点	不足
讲授法	信息量丰富，应用条件宽松	内容较多不易接受，容易枯燥
研讨法	参与性较强，加深理解	容易离题，对主持者要求较高
视听法	形象生动，容易被学员记忆和感受	制作难度大，对讲师点评要求较高
角色扮演法	增强学员印象，便于组织者了解受训者对知识技能的掌握程度	需要耗费大量时间和精力排练，对知识与技能的应用容易被忽视
案例研究法	将抽象理论与现实问题结合起来，帮助学员提高理论知识的综合应用能力	很难根据课程内容选择最为恰当的案例，也需要学员有一定的知识储备量
情景模拟法	贴近现实，降低风险和成本，减少对日常工作的干扰	对场地、设备、道具要求较高，培训成本较高
行为示范模仿法	让受训者直观感受工作规范	演练过程枯燥，学员容易失去兴趣
师带徒法	有利于优良传统延续，有利于新员工快速进入工作状态	不利于工作创新，受指导者本身水平影响大，指导者可能会保留经验
E-Learning	知识网络化、学习随时化、内容同步化、培训即时化	培训形式及内容单一，时效性差
慕课	对终身学习者具有重要意义，较低成本满足员工多元化、个性化的学习需求	互动性较少、监管不够严谨
微课程	简洁精炼、内容精彩、时间灵活、易于实现	应用效果不高、缺乏有效效果反馈机制
翻转课堂	对课内外知识传授与讨论进行重新安排，增强学员对知识的理解与运用	受训过程监督不严谨、培训师时间成本投入较多
知识萃取	防止经验流失，避免错误重犯，提升工作效率	过多依赖专家语言表达与组织能力，参训者易枯燥

简言之，建筑业农民工系统化培训有必要以建筑用工市场和农民工自身需求为导向，充分利用"互联网＋"技术优势，将云计算、物联网、大数据等现代化信息技术与培训系统相结合，实现建筑业农民工利用空闲时间、足不出户即可获得职业化和市民化水平的提升[187]。在后续培训效果调研中，可根据各培训方法在提升农民工言语信息、智力、认知、态度、技能中的效果进行调研并总结。

(3) 基于胜任力模型的培训考核

培训考核的关键点在于解决考核什么及怎么考核的问题，包括考核内容和考核方式。在建筑业农民工系统化培训过程中，考核内容取决于培训目标的设定。如章节 6.3.1 所述，建筑产业工人具有 18 项胜任力特征要素，在此基础上如何对胜任力要素进一步观测和考核，是培训实施环节需要解决的问题。下文以建筑产业工人特征要素之一的信息分析为例，说明基于胜任力的培训考核内容细化，如表 6.10 所示。

表 6.10 基于胜任力模型的培训考核内容示意

要素名称		释义
信息分析		建筑工人能够很好地归纳整理所获得的感观信息、文字信息等原始零散资料，不具备信息甄别能力，提炼出操作性较强的对策建议
细化指标	信息搜集	建筑工人能够借助现代化工具针对所需解决的问题进行大量资料搜索
	信息管理	建筑工人对所搜集的信息能够做到有意识地分类、整理、存储
	信息加工	建筑工人具有信息甄别能力，能够洞察、获取行业发展趋势，并做出研判的能力
	整合与应用	建筑工人能够做到有效整合零散无序信息，提出与解决问题相关的预见性建议
等级	A−1	建筑工人不擅长归纳整理所获得的感观信息、文字信息等原始零散资料，不具备信息甄别能力，提炼出操作性较强的对策建议
	A−0	建筑工人基本能够归纳整理所获得的感观信息、文字信息等原始零散资料，不具备信息甄别能力，提炼出操作性较强的对策建议
	A+1	建筑工人熟练掌握并擅长运用资讯信息搜索工具，能够较好地归纳整理所获得的感观信息、文字信息等原始零散资料，不具备信息甄别能力，提炼出操作性较强的对策建议
	A+2	建筑工人具有卓越的资讯信息收集能力，能够很好地归纳整理所获得的感观信息、文字信息等原始零散资料，不具备信息甄别能力，提炼出操作性较强的对策建议

对于培训考核方式方面，研究者参与的前期课题组通过调研发现，政府掌握了大量社会资源，具有较高培训与鉴定的公共服务能力，因而建筑业农民工系统化培训考核鉴定体系的完善，需要政府积极履行公共服务职能，发挥主导性作用，加强培训考核鉴定基地建设，强化培训专职、兼职师资队伍建设，抓好培训教材规划编写和审定工作，增强培训考核的硬件能力。

6.3.4 基于柯氏四级培训评估分析

培训效果评估是受训者在完整培训计划结束后，通过评估方法对培训效果进行的评价，内容涉及范围较广，包含前期培训计划的设定、培训内容的安排、培训效果的评价等。本文以柯式四级培训评估模式为基础，通过反应、学习、行为、成果四个层面对培训效果做出一个衡量及评定，从而提出推动建筑业培训效果评估体系的建议。

(1) 柯式四级培训评估模式

柯氏四级培训评估模式（以下简称柯氏模式），由威斯康辛大学教授唐纳德·L.柯克帕特里克等于 1959 年提出[188]。在其书中提及，评估培训效果有四种方式：一是观察受训者的反应和表征状态，二是检查受训者的学习程度，三是衡量受训者前后的工作表现和态度的转变，四是评测公司在经营业绩方面的变化，即是对反应层、学习层、行为层、成果层这四个层次进行评估[189]。在建筑业培训中，反应层是培训自身条件演化而来，可以理解为受训者对培训的直观感受，比如培训内容、培训讲师、培训环境等方面，通过对反应层的评估可以修复培训的漏洞，完善培训体制；学习层在于受训者对培训的吸收掌握程度，即培训前后通过笔试或者实操等方式评估受训者掌握知识、技能的提升程度；行为层是培训者在实践中对培训的反馈，即受训者将培训所学运用到工作中，主要评估培训者培训前后工作行为的变化，由此判断其培训过后知识及技能在工作中的影响；成果层便是对培训的验收阶段，受训者经过培训后能否为公司经营业绩带来可观的贡献，一般通过一系列指标体现如质量合格率、施工费用、施工安全问题、施工效率等，这也是四层次评估重要的一部分。

(2) D-S 证据理论

D-S证据理论是建立在一个非空集合上解决不确定问题的学说体系，在不精确推理和人工智能领域中得到广泛应用[190]。由于概率是在证据的基础上构造出的对一命题为真的信任程度（即置信度），因而不是概率理论，被称为证据理论[191]。在假设空间上会产生一个置信度的分配函数，称之为 mass 函数。简言之，D-S证据理论可以验证某一事件的可信度，借以评估培训效果及农民工的反馈表现[192]。

①计算冲突值 K。其中，A 是评估层次，m 是评定等级。

$$K = \sum_{1 \leqslant i \leqslant a} \prod_{1 \leqslant j \leqslant b}^{1 \leqslant i \leqslant a} m_j \times A_i \qquad (6.3)$$

②计算基本可信度分析

$$m(A_i) = \frac{\prod_{1 \leqslant j \leqslant b} m_j \times A_i}{\sum_{1 \leqslant i \leqslant a} \prod_{1 \leqslant j \leqslant b}^{1 \leqslant i \leqslant a} m_j \times A_i} \qquad (6.4)$$

③求解信任度。当模型较为简单时，信任度等于组合后的 mass 函数值，$Bel(A_i) = m(A_i)$。

柯式模式目前在效果评估方面应用成熟且广泛，将层次划分清晰，便于评估[193]。结合本文农民工向产业工人转化培训内容较多、培训周期较长、培训人员基数大的特点，运用柯式模式可以清晰划分不同阶段的评估数据，便于评估有效进行。因此本文将主要以柯式模式为指导，结合 D-S 证据理论进行数据分析，将培训效果量化成数据进行分析评估。根据柯式模式进行分层次对应的评估反馈，便于后期培训改进，完善培训体系。

(3) 培训效果评估指标的选取构成

本文以柯式模式为基础，对效果的反应层、学习层、行为层、结果层 4 个层次进行分析，同时广泛征求建筑业农民工及建筑工程教学人员对于系统化培训的意见和建议，得到以下影响培训效果的主要因素：

①培训内容。培训内容直接影响培训效果，培训内容应该从农民工需求出发，采取恰当的培训方式，直观精简地实现培训内容的传输。这是建筑业农民工对系统化培训的直观感受，而是否能够接受培训内容、是否实用且适用，则属于反应层的范围。

②培训师。培训师的水平直接影响建筑业农民工对信息的接受度，授课方式、专业水平、语气态度等直接影响培训效果。由于农民工对于培训的理解可以简单定义为对日后工作是否能够提升，培训师更应从这个角度出发，以农民工为中心制定有针对性的教学计划和方式，使农民工更大程度地吸收知识信息。由此可见，农民工对培训师的接受度也属于反应层的范围。

③培训准备工作。培训前期要做好系统性、全程性的安排，保证培训工作的顺利开展，包括培训时间、培训环境等。时间安排上应更多考虑农民工的实际情况，尽可能选择在正常上班时间段内；如果是夏令时节，则可选择在早上。培训环境包括培训地点、培训设备、培训路程等。培训准备工作属于反应层，时间和环境的安排是培训前期的准备工作，农民工群体对此感受比较直观，能直接影响培训质量和效果。

④农民工知识掌握程度。培训知识的掌握程度直观地反映在日后的工作中，同时也在一定程度上反映培训师的授课水平，因而是培训效果评估指标体系里不可或缺的一部分，显然属于学习层。

⑤职业技能提升。系统化的培训目的之一是提升农民工的职业技能及对企业的忠诚度，评估主体以企业管理人员为主。对建筑业农民工而言，培训前后最明显的不同在于工作行为方式及工作态度的转变，因而属于行为层。

⑥企业施工情况改善。系统化培训的重要目标在于改善企业的施工情况，一系列的准备工作、正式实施，均是内化为高效、安全地施工等，具体指标包括施工效率、施工安全问题、施工费用、施工质量等。

根据以上分析及相关文献，结合农民工的特点，本文在评估的四个层次里总结了 14 个评估指标，如表 6.11 所示。

表 6.11　建筑业培训效果评估指标体系

评估层	一级指标	二级指标
反应层	培训内容	培训内容适用性
		培训内容是否结合就业趋势
	培训讲师	讲师专业水平
		讲师授课方式

（续）

评估层	一级指标	二级指标
反应层	培训安排	培训时间安排
		培训环境安排
	受训者课堂表现	受训者参与积极性
学习层	农民工知识掌握及吸收程度	测验成绩
行为层	工作能力改变	工作态度转变
		工作技能学习程度
成果层	企业施工情况改善	施工效率
		施工安全问题
		施工费用
		施工质量

（4）评估指标体系中各指标的评估方法

①反应层的评估一般可以用问卷调查的方法得到，在农民工培训结束后，考虑到农民工群体自身条件的限制，问卷设计尽可能通俗易懂，方便作答。问卷设置采用李克特五级量表进行收集，将一份量表中各个项目所得分累加而得，得分越高则表明其积极的态度越多。对于农民工群体，他们无法将很多感受进行具体量化，通过五种不同程度的选择，农民工可以很直接地表达自己的感受，这种方式操作性强、易统计。

②学习层的效果评估最直接的就是通过测验，考核成绩可以评估学习层方面的效果，比如课堂知识小测试、实战操作测验等，同样可以与李克特五级量表结合，[90，100] 对应 5 分，[80，89] 对应 4 分，[70，79] 对应 3 分，[60，69] 对应 2 分，[0，59] 对应 1 分。

③行为层可以通过培训后受训者工作或是学习态度的变化来评估，最直观的效果评估就是通过观察其工作方法和技能上的改变，评估主体为上级领导、人力部门、项目同事等。

④结果层需要一定时间才能有所显现，通过施工人员的工作效率及安全问题发生的次数，判定施工完成程度，进而对比得出结论；费用方面，可以和成本造价部门沟通，咨询成本使用进度，了解费用使用情况；质量方面，通过咨询监理部门了解施工情况，评估施工人员的施工质量。

评估方法需要对应培训的阶段，培训前期的评估可以使用问卷调查法，对培训反应层进行评估，问卷调查数量要够大，提高容错率及准确性，问卷设计合理、布局清晰，问题简单明了、方便作答。在培训结束后，统一发放，再统一收回。问卷处理方面，无效问卷不应该记入评估数据中，最后进行统计。

培训中期的评估即对于培训成绩的评估，可以通过测验法进行，形式可以多种多样，针对理论知识可以采用试卷作答，技能方面则需要实践考核，评分由监考老师或是培训讲师依实际情况而定。

培训后期的评估可以用观测法，评估主体为受训者的上级领导或者是其同事，通过培训后期对农民工的观察及记录，进行客观地评价，整合所有人的意见，分析处理得到最后的评价，将每个等级态度分的占比填入表中。

结合李克特五级量表计算总分值后，再计算每一个层次里每一个等级的占比，使用 D-S 理论计算其可信度，判断培训的有效性，即问卷调查、考核及同施工现场管理者口径三者对于效果评估最终结果的可信度，再通过各指标不同等级占比评估该培训的各个环节，并且提出可行性建议。一段时间后，验收培训的效果，通过施工项目负责人咨询施工进度（返工率）、安全问题发生的数据（安全事故率）、向监理人员咨询质量验收数据（合格率）、向成本造价部门咨询费用使用情况来对培训进行效果评估，这也是最直观展示效果的评估方式。根据效果评估的结果，有针对性地对各个层次的指标进行分析评估，提出切实可行的建议和方向，至此，完整的建筑业农民工系统化培训效果评估体系基本建立。

6.4　提升培训环境调控能力研究

6.4.1　引入学习型组织理论的可行性分析

学习型组织理论的优势在于具有持续学习的能力和高于个人绩效的综合绩效[194]。近年来，学习型组织不仅在公司企业培训教育中发挥了重要作用，也被大量运用于非营利性公共组织的管理活动[195]。在建筑业农民工向产业工人转化的系统化培训体系运行中，引入学习型组织理论的可行性主要表现在但不限于以下几个方面：

第一，系统整体观念的相似性。学习型组织理论的核心要义是系统思维模式，强调组织运行的整体性，重视"组织内部系统关键组件及各要素之间交互作用"的系统思维模式。如前所述，建筑业农民工培训系统是由培训系统影响因子体系、培训系统动力结构、培训系统运行机理、培训系统应用模块有机构成的动态系统，而不只是简单机械的叠加。基于学习型组织理论分析建筑业农民工向产业工人转化的系统化培训问题，从系统观角度看是契合的。

第二，组织共同愿景的相似性。培训组织的共同目标是建筑业农民工的共同理想和价值观的体现，能够凝聚不同工种、不同岗位、处于不同发展阶段的农民工朝着建筑产业工人转型和新型建筑工业化方向前进。建筑业农民工系统化培训愿景目标的缔造，为建筑业农民工职业化和市民化提升孕育了无限的创造力，并对建筑产业工人队伍建设与建筑业转型升级产生一种驱动力。

第三，强调终身教育的相似性。建筑产业工人的本质特征是职业化和市民化。建筑产业工人的教育培养应当是涵盖职业启蒙、职业准备、职业发展、职业中期及职业后期的终身教育，隐含教育民主化与教育平等性的基本特质。

第四，组织结构建设的相似性。施工企业通常是由企业、项目、班组组成的组织结构。班组是建筑产业工人队伍的基本单位，与学习型组织结构一样，施工企业的组织结构需要从这一最小单元做起，组织结构建设才能得以稳步推进。学习型建筑业工人班组指以提高建筑工人的发展能力为共同目标，动员每个岗位的建筑产业工人广泛参与学习培训的组织。学习型建筑产业工人班组强调学习者的主观能动性，在组织内部形成人人学习、时时学习的良好氛围，组织成员之间是一种以共同参与和互教互学为基础的新型的学习关系。建筑工人的成长和发展正是在这种互教互学的环境之中得以实现。

第五，知识学习分享的相似性。根据胜任力理论，建筑产业工人通过培训所获得的知识可分为隐性知识和显性知识两种类型，在知识共享模式上则存在社会化、外部化、内在化、结合化四种模型。社会化即通过经验交流来实现隐性知识的分享，知识的分享和学习的发生是通过观察、效仿和练习来实现的。外部化指将隐性知识转变为显性知识，这种转变是采取隐喻、模型、概念和方程式的形式来完成的。结合化指通过分析、归类和运用新方法，将明确的概念系统转化成一个知识体系，正式的课程和研讨会就是用这种方法来传递知识。内在化指将显性知识转化为隐性知识，一些常用的培训方法如模拟、行为学习、在职实践就是要将显性知识转变为隐性知识。

6.4.2 基于学习型组织理论的模块分析

建筑业农民工系统化培训主体包括政府、建筑企业、培训机构及建筑业农民工。基于学习型组织理论分析界定各培训主体在培训系统中的职责分工，有助于提升建筑业农民工系统化培训的实效性。

(1) 基于学习型组织理论的政府职责

在大政府小市场的格局下，政府部门管理着社会的大部分资源，城乡统一的劳动力市场尚未建立。在此种情形下，只有政府有能力承担起建筑业农民工系统化培训的主要职责，从而发挥政府的主导作用。虽然近年来我国农民工培训引起了各级政府的关注和重视，各级政府也颁布实施了许多培训政策文件，但由于缺乏顶层规划、系统性制度安排，培训效果并不理想。在系统化培训观念下，政府应当从顶层来谋划总体规划、中长期目标及配套政策，合理编制财政预算从而解决培训经费短缺的问题，举办或按照市场来选择合适的培训机构，积极开展培训检查、管理与监督的工作，建立科学考核鉴定体系，完善技能鉴定及职业资格认定规范体系，尊重和重视建筑业农民工市民化身份、待遇及福利保障，营造良好的社会环境[196]。政府实际上也是系统化培训的获益主体，即通过系统化培训提高建筑业农民工的职业化水平和市民化水平，促进农村剩余劳动力转移就业，维护社会安定，并通过提供这一准公共产品树立服务型政府的理念及良好形象，赢得人民群众对政府的信任感[197]。

（2）基于学习型组织理论的建筑企业职责

建筑企业是系统化培训的重要主体，对建筑业农民工系统化培训的目标更为明确，对培训质量和效果也更为关注。与此同时，建筑企业也是建筑业农民工系统化培训的直接受益者，应当从学习型组织理论和人力资源开发的角度重视建筑业农民工系统化培训，积极建设学习型班组，结合实际工种岗位做好岗位培训，不断提高建筑业农民工职业化水平。一是重构组织架构，建立扁平化建筑业工人组织结构；二是建立开放、真诚、创新的组织文化；三是重新定位建筑业农民工学习型班组角色，以建筑业农民工各项素质发展为导向，有效策划组织学习，帮助建筑业农民工梳理个人发展目标；四是积极与民办培训机构签订协议，推动建筑业农民工系统化培训，增加企业培训经费预算；五是强化建筑业农民工市民化培训，提升融入城市生活的能力。为了防止建筑企业基于降低成本而逃避培训的主体职责，政府应当通过各种举措鼓励建筑企业积极参与并履行这项社会责任[198]。例如，拨付培训基金以奖励或补助的形式发给企业，明确培训基金的管理和使用细则；将建筑企业投入培训的经费按企业资质等级以教育税的形式上缴，积极开展培训建筑工人的企业，给予相应的税费优惠政策[199]。

（3）基于学习型组织理论的培训机构职责

在建筑业农民工系统化培训中，培训机构提供的产品直接影响建筑业农民工系统化培训成效，无疑是重要的责任主体。一是根据政府培训规划制定建筑业农民工系统化培训实施计划；二是合理组织师资力量、安排培训设施、培训课程开发、课程设置，提升培训的针对性、适应性和实效性；三是开展文化知识和社会文明素养培训，在强化建筑业农民工职业技能水平的同时，也使其文化知识、社会文明素养等获得全面提升，更好地融入城市生活[200]。

（4）基于学习型组织理论的建筑业农民工职责

在学习型组织理论框架下，建筑业农民工应当以积极的心态主动参加农民工系统化培训，熟练掌握必备岗位职业技能，结合实际岗位工种积极学习实践操作技能，不断提高自身人力资本；自觉学习、提高自身文化知识和社会精神文明素养，增强融入社会生活的能力；适当承担部分培训费用或成本。

6.5 本章小结

建筑业农民工系统化培训的有效性取决于系统要素功能的发挥。本文从提升培训"种子"吸收转化能力、改善培训"土壤"质量、提升培训"环境"调控能力三方面进行探讨。从影响农民工参与培训的意愿角度来研究农民工自身的吸收转化能力，采用二元 Logistic 模型来确定相关因素对建筑业农民工培训意愿的影响程度。研究结果表明：性别、年龄、文化程度、婚姻状况、日收入、培训平均费用、培训方式、信赖的培训机构、培训时长等对建筑业农民工培训意愿在不同程度上产生显著影响。在此基础上，提出创造良好就业环境吸引农民工、充足培训经费、加强培训机构建设等建议。培训体系实施供给质量改善模块，根据胜任力模型相关理论，建筑产业工人胜任力素质特征主要由个人性格（价值观）、职业道德、职业能力构成。根据不同工种、岗位对基本技能和技术操作规程的要求，结合职业生涯发展规律，制定基于胜任力模型的培训师资选拔计划和培训课程设置方案；探讨培训组织机构、组织模式、培训方法及培训考核。以柯氏模式为基础，通过反应层、学习层、行为层、成果层指标的设置得出培训效果评估评价体系。最后，引入学习型组织理论探讨系统环境调控能力的提升。基于学习型组织理论，认为建筑业农民工是系统化培训的主体，政府、建筑企业、培训机构、建筑业农民工等均应在学习型组织理念的引领下，在不同的层面上践行建筑业农民工系统化培训的主体职责，推动建筑业农民工向建筑产业工人顺利转型。

7 | 结论及展望

7.1 研究结论

建筑业农民工系统化培训是以建筑业农民工为培训对象，以实现由建筑业农民工向产业工人转化为目的，以建筑业农民工的职业化和市民化为主要内容的系统化培训。本文引入种子萌发理论，寻求建筑业农民工系统化培训影响因素体系建构，揭示建筑业农民工系统化培训内在的规律性，构建以萌发为核心运动特征的，由培训系统影响因素体系、培训系统结构、培训系统运行机理、培训系统功能提升有机构成的动态的建筑业农民工向产业工人转化培训系统。

（1）概念界定和理论基础

第一，对本研究相关核心概念及内涵特征进行界定，将建筑业农民工界定为从事具体的建筑施工及管理工作的技术工人和劳务作业人员；产业工人界定为在现代工业部门中职业化、市民化程度较高的工人和技术人员；建筑业农民工系统化培训界定为通过系统的培训方式来提高建筑业农民工的职业化水平和市民化水平的综合性、系统性培训机制。

第二，为寻求建筑业农民工培训系统的理论资源，夯实理论基础，引入了扎根理论、种子萌发理论、人力资本理论、胜任力理论和学习组织理论。在扎根理论框架下，通过问卷调查、实证调研、专家访谈和文本分析等方法提取相关影响因子，建立各因子之间的联系，采用数据编码方式将资料进行分解、概念化，并重新组合，运用 QSR Nvivo10 软件进行开放编码、轴心编码、选择编码分析，根据质性分析结果提出建筑业农民工培训系统影响因子体系的构建路径。在种子萌发理论视角下，建筑业农民工通过系统化培训吸收新技能、新知识、新文化和新观念，激活自身"代谢功能"，引发职业技能和社会文化素养更新的内在驱动，激活"呼吸功能"，实现向产业工人的转化。基于人力资本理论，建筑业农民工人力资本的内部效益和外部效益的有机结合，有效解决建筑业农民工向产业工人转化所面临的关键问题。运用胜任力模型准确评价出建筑产业工人所具备的胜任力素质特征，并在全面客观的培训需求分析基础上对培训师资、培训课程设置、培训组织结构和组织模式等进行预先设定，以此为目标开展系统化培训。引入学习型组织，旨在强调建筑业农民工的能动作用，引导树立终身学习的理念，自觉把终身学习作为第一要务。

第三，理论框架构建。引入种子萌发理论，围绕研究问题而展开理论框架构建。以种子萌发"吸水""吸胀""萌发"三个阶段状态为基础，探讨建筑业农民工培训系统的运行机理。从系统为什么这么构建、系统如何构建、系统运行机理、系统功能提升为研究思路开展章节研究。"3. 建筑业农民工培训影响因素研究"运用扎根理论，根据质性分析结果提出建筑业农民工向产业工人转化培训影响因素体系；"4. 基于种子萌发理论的建筑业农民工培训系统构建"运用种子萌发理论，构建以萌发为核心运动特征的动力系统整体结构，回答了培训系统如何构建的问题；"5. 基于种子萌发理论的建筑业农民工培训系统运行机理构建"运用系统工程理论回答培训系统如何运行的问题；"6. 提升建筑业农民工培训系统功能的对策研究"旨在回答系统功能提升的问题。

(2) 建筑业农民工向产业工人转化培训影响因素体系构建

第一，明确建筑业农民工培训系统是一个有机整体，必须充分了解系统中各层级、各参与方的利益诉求，才能针对性地提出政策建议，确保整个系统能够良性运转。提出扎根理论对于建筑业农民工培训系统影响因素体系的构建具有十分重要的指导作用，并进行必要的适用性分析。

第二，资料收集是基于扎根理论的建筑业农民工培训系统影响因素体系的质性研究的第一步。本研究遵循扎根理论常用的三角测量法，采用文本分析与深度访谈相结合的方法搜集信息。文本主要来源于中国知网、万方数据库等电子数据库，以及建筑协会文本资料、国家政策法规、新闻报道、公众媒体资料等，通过文本资料的收集、整理、分析，初步得出影响建筑业农民工系统化培训的重要影响因子。对受教育程度较低的建筑业农民工采取行为事件访谈法，被采访者通过对具体事件的回溯，回答事件发生的始末及自身的感受，需要采访者层层追问挖掘事件的内涵；对建筑企业主管人员等其他主体深度访谈，获取更直观的一手资料。

第三，基于扎根理论中的资料分析基本思路，编码的第一个环节是开放式编码，旨在对原始访谈资料任意可以编码的片段或事件赋予概念标签并形成范畴，要求研究者将所有的资料按其本身所呈现的状态进行登录。通过运用编码软件 QSR Nvivo10 对访谈材料进行开放式编码，总共提取并形成包括职业素养培训、社会文明素养培训、工人培训计划等的 56 个初始编码。经过不断对比挖掘的过程，概括提取出农民工自身、建筑企业用工、建筑行业管理、政府监督管理和社会参与 5 个主范畴。通过对主编码中获取的 5 个主范畴及其对应的范畴进行深入分析和挖掘，结合原始资料进行不断比较，获取建筑业农民工培训系统的核心范畴。基于扎根理论构建的模型可知，建筑业农民工培训系统受农民工自身、建筑企业用工管理、建筑行业管理、政府监督管理和社会力量参与5个层面因素的影响。建筑业农民工的主动能动性、吸收转化能力和自我认知是培训系统的直接影响因子，建筑企业对工人的培养计划、薪酬制度、技能鉴定等用工管理情况至关重要，职业准入、培训配套政策、工人持证上岗等显著影响建筑行业管理水平，政府主要通过出台行业政策对建筑业实施监督管理，培训机构、校企互动和社会资本的融入程度直接决定着社会力量的参与效果。

第四，信度与效度检验。采用质性研究的三角测定法来进行效度评定。运用访谈资料和文本资料相结合的方法，重在从文本资料提炼关键影响因素进行访谈提纲的编写，同时搜集学者观点、新闻资料等文献资料，全面真实了解建筑业农民工培训系统中的各相关方影响因素；与同行专家分享、交流和研讨，不断完善本研究成果；采用定性和定量研究相结合的方法，综合运用文献调查法、观察法、思辨法、行为研究法、比较研究法来进行资料的分析和总结，并邀请研究对象来确认或修正研究者提出的分类、解释与研究结论，这一策略对本研究成果的提出具有重要作用。

（3）建筑业农民工向产业工人转化培训系统构建

第一，基于种子萌发理论，将建筑业农民工身份转化"萌发"界定为建筑业农民工经过系统化培训，使职业化和市民化得到质的改变，完成"萌发"活动。建筑业农民工身份转化始于系统化培训，通过系统化培训吸收新技能、新知识、新文化和新观念等，激活自身的"代谢功能"，引发自身职业化和市民化的内在驱动，随即激活"呼吸功能"，为身份转化提供能量支持，直至转型为建筑产业工人。

第二，在种子萌发视角下，培训系统包含建筑业农民工身份转化所需的关键"土壤条件"，源源不断地向农民工供给新技能、新知识、新文化、新观念，满足农民工"种子"最为关键的"吸水"需求。除此之外，建筑业农民工系统化培训还受外部环境影响，作为"静止的种子"的建筑业农民工，在法规、政策、时间、机会、资金、社会保障、舆论导向等有利的外部环境下更易发生"水合作用"，实现其产业工人身份的转型。

第三，建筑业农民工培训系统运行机理是建筑业农民工内在驱动力模块、培训体系模块和外部环境模块的有机结合。通过对培训系统要素的分析可知，建筑业农民工身份转化的驱动力模块包括农民工内在驱动力模块、培训体系模块和外部环境模块。农民工内在驱动力模块和培训系统动力模块属于主动力，外部环境驱动力模块属于外部驱动力。主动力和外部驱动力之间存在内在的耦合互动关系。

第四，培训系统包含培训"种子"、培训"土壤"及培训"环境"三大要素。作为"种子"的农民工具有群体萌发的概率性、个体特异性及发展阶段差异性等特征；通过适宜的"温度差""压力差"，种子开启"吸水"步骤，进入"吸胀"状态，最终实现"萌发"。作为"土壤"要素的培训系统实施，为建筑业农民工转化为产业工人提供不可或缺的"水分"需求，本文建立建筑业农民工培训"种子萌发"积势模型，分析培训"种子萌发"与"土壤水势"变化的关系，分析农民工水势及其构成溶质势、压力势、衬质势的内涵。政府、建筑行业、建筑企业等外部条件则为其提供必要的"温度""湿度""氧气"，并发挥系统调控作用。

第五，在种子萌发视角下，重新梳理建筑业农民工培训问题，发现系统主要问题。一是培训政策、模式给予农民工"种子"的"温度"处于"升温"状态，但合适性还不显著。二是培训"种子"农民工自身条件具备的水势低。三是培训"土壤"供给质量低。综合对照种子萌发理论发展阶段性特征，建筑业农民工现行培训系统的症结所在是培训体系实施供给质量差，给予农民工"种子"的"压力差"不足。

（4）建筑业农民工转化为产业工人的培训系统运行机理研究

第一，结合建筑业农民工培训动力系统的结构、功能与运行机理，确定动力机制因素，获取了8个驱动力因素。在提出相应研究假设的同时，构建了建筑业农民工培训系统运行机理验证的初步理论框架，建筑业农民工内在驱动力、建筑业农民工素养培训、建筑业农民工社会素养培训、建筑业农民工培训系统4个内生潜变量，以及建筑行业驱动力、建筑企业驱动力、社会力量驱动力、政府驱动力4个外生潜变量，并提出15项研究预设，设置38个观测变量进行要素量表构建。

第二，进行问卷的设计与修正、数据采集、数据的描述性统计分析及其信度、效度检验；采用五级李克特量表对变量进行统计分析，采用克隆巴赫信度系数来检查调查问卷研究变量在各个测量题项上的一致性程度，采用验证性因素分析进行各变量内部题项的收敛效度检验实际的测量数据与理论架构的适配度。通过效度分析及信度分析确定了维度的结构及对应的题项。模型配适度是分析应用结构方程理论模型进行验证的必要条件，同时需考虑结构方程所提供的重要相关统计指标。

第三，实证研究并开展"提出建筑业农民工培训系统运行机理"理论模型的修正及验证等工作。通过三次模型修正及检验，最终得出研究结果：政府驱动力和建筑行业驱动力对建筑业农民工培训系统的运作起到重要的推动作用。通过模型的拟合和优化,得出 6 条关键路径。从结构方程模型显示的关键路径结果可以看出,建筑行业、建筑企业、社会力量、政府驱动等外部因素,通过作用在农民工内在驱动上进而推动建筑业农民工的职业化培训和市民化培训。建筑企业对职业素养培训有直接推动作用,企业是建筑业农民工培训成果最直接的受益方之一,也是培训效果最直接的作用方之一。在社会文明素养培训方面,除了农民工自身具有提升素质的愿望和能力之外,政府的推动作用直接相关且尤为重要。

(5) 提升建筑业农民工培训系统功能的对策研究

建筑业农民工系统化培训的有效性取决于培训系统要素功能能否得以充分发挥。基于种子萌发理论,从培训"种子"、培训"土壤"、培训"环境"要素功能上分析提升建议。

第一,建立二元 Logistic 模型分析建筑业农民工参与培训意愿的影响因素。研究表明,性别、年龄、文化程度、婚姻状况、日收入、培训费用、培训方式、培训机构、培训时间等对建筑业农民工参与培训的需求在不同程度上存在显著影响。在此基础上,提出创造良好就业环境吸纳农民工、充足培训经费、加强培训机构建设等建议。

第二,根据胜任力模型相关理论,建筑产业工人胜任力素质特征主要由个人性格(价值观)、职业道德、职业能力构成。根据不同工种和岗位对基本技能、技术操作规程的要求,结合职业生涯发展规律,制定基于胜任力模型的培训师资选拔计划和培训课程设置方案;探讨培训组织机构、组织模式、培训方法、培训考核。以柯氏模式为基础,通过反应层、学习层、行为层、成果层指标的设置得出培训效果评估评价体系。

第三,引入学习型组织理论对政府、建筑企业、建筑行业、培训机构等组织建设进行建议。从系统整体观念、组织共同愿景、强调终身教育、组织结构建设、知识学习分享等方面的分析引入学习型组织的可行性,在此基础上探讨各相关方的职责。如政府应当顶层谋划系统化培训的总体规划、中长期目标及配套政策,合理编制财政预算解决培训经费短缺问题,举办或按照市场规律选择合适的培训机构,积极开展培训检查、管理与监督的工作,建立科学考核鉴定体系,完善技能鉴定及职业资格认定规范体系,尊重和重视建筑业农民工市民化身份、待遇及福利保障,营造良好社会环境;建筑企业应当从学习型组织理论和人力资源开发的角度重视建筑业农民工系统化培训,积极建设学习型班组,结合实际工种岗位做好岗位培训,不断提高建筑业农民工职业化水平;培训机构应当坚持按需培训、注重实效的原则,以市场需求为导向,根据政府培训规划制定培训实施计划，合理组织师资力量、安排培训设施、开发培训课程，提升培训的针对性、适应性和实效性。

7.2 研究展望

建筑业农民工向产业工人转化的培训系统研究涉及诸多学科的研究领域，尽管本文已对此做出了较为审慎深入的基础性研究且得出了研究结论，但由于建筑业农民工培训系统本身具有复杂性、动态性和多样性的特点，仍有很多问题值得更进一步深入研究和拓展。

建筑业农民工系统化培训问题是建筑业转型升级和新型建筑工业化背景下的产物，是关于未来事物的预期命题，目前学界主要关注建筑业农民工职业技能培训，鲜有涉及系统化培训研究，有很多问题尚需进一步探论，如建筑业农民工培训系统运作机制的理论构建问题。由于本文旨在从整体的角度和使用定量分析的方法讨论建筑业农民工培训系统，受文章篇幅及研究领域所限，未就动力系统运行机制的理论架构展开深入讨论。本文采用结构方程模型分析、确定动力系统的潜在变量与观测变量，继而收集相应数据并完成实证分析，但由于相关研究较少，很难从现有文献中提取结构方程模型可直接量化的观测变量。为此，关于建筑业农民工培训系统运行机制的理论架构及实证分析可作为进一步研究的重点领域。

从研究方法来看，实证研究和定量分析是本文采取的重要研究方法。基于我国幅员辽阔，地域环境的复杂，经济、社会、人口等发展的不均性，区域性政策制定与实施的不一致性等因素，不同地区面临着不同的经济、人口和制度等条件，建筑业农民工系统化培训具有复杂性和易变性。由于客观条件的限制，本研究主要参考某些特定省份的经验结论，选取部分具有代表性的省份和地区作为调查对象进行分析，并根据研究结论提出相应的对策，难免存在一定的区域性差异。虽然建筑业农民工培训系统经过理论模型校验、实证数据分析和案例评价，但是基于研究资源的有限性，在定量分析过程中所采用的分析模型，以问卷调查结果作为主要评价依据，也不可避免存在一定程度的内生性或遗漏变量问题。为此，下一步应当打破实证调研的时空界限，拓宽实证调查对象分布的地域和范围，并在充分定性分析的基础上进行定量分析，强化定量分析与定性分析的融会贯通，进一步提升调研数据的全面性、典型性、代表性，以及因区域性、差异性带来的研究结论的确定性。

本研究提出建筑业农民工向产业工人转化的培训影响因素体系，但对于如何有效地调控该影响因子体系的自适性演进则未做更为深入的探讨。首先涉及建筑业农民工系统化培训规律及动力系统理论假设的正确性评价。其次该影响因子体系如何更为准确地完成因子的识别、提取，以及体系建构与分析等步骤，很大程度上受制于既有文献资料的主要论点、建筑业内权威专家的意见、国内外培训体系的异同、相关利益主体的合理诉求等因素，可能直接决定了建筑业农民工培训系统建构的成败。未来除了利用扎根理论和 QSR Nvivo10 编码软件建构和分析影响因子理论模型的合理性外，仍可寻求其他正当有效的理论资源，进一步提升分析研究结论的完整性和确定性程度。

根据目前建筑业农民工培训现状，提出如何提升建筑业农民工培训系统功能是本研究的主要目标所在。尽管本文从胜任力理论、柯氏模式、学习型组织理论等角度提出了一些策略，但受研究视角和研究范围所限，要实现建筑业农民工培训系统的良性开展，更为细致、更具针对性的目标策略是必不可少的，也构成未来进一步拓展的重要研究方向之一。

参考文献
REFERENCES

[1] 叶明，武洁青. 新型建筑工业化的内涵及其发展［N］. 中国建筑报，2013-02-26.

[2] 叶明，武洁青. 关于推动新型建筑工业化发展的思考［J］. 住宅产业，2013（Z1）：11-14.

[3] 韩伟静. 中国特色城镇化进程中农民工职业培训研究［D］. 济南：山东大学，2016.

[4] 张越. 东北老工业基地工人队伍突出问题与对策［J］. 决策咨询，2018（12）：43-46.

[5] 宋健. 培育产业工人队伍呵护建筑业发展之基［N］. 中国建设报，2018-01-19.

[6] 荆竹. 深化改革促转型 2017年建筑业十大变革［J］. 中华建设，2018（1）：16-19.

[7] 杨欣. 农民工与城市本地劳动力就业质量差异的理论基础［M］. 北京：中国农业出版社，2016.

[8] 刘易斯. 二元经济论［M］. 北京：北京经济学院出版社，1989.

[9] 郭剑雄. 农业人力资本转移条件下的二元经济发展：刘易斯-费景汉-拉尼斯模型的扩展研究［J］. 陕西师范大学学报（哲学社会科学版），2009（1）：93-102.

[10] 杨肖丽，张广胜. 城市化进程中农民工迁移行为及模式研究［M］. 北京：中国农业出版社，2011.

[11] 彭剑锋. 人力资源管理概论［M］. 北京：中国人民大学出版社，2003.

[12] 金英姬，韩鹏，高宇，等. 基于人力资本理论农民增收问题研究［J］. 经济师，2011（5）：20，23.

[13] 亚当·斯密. 国富论［M］. 北京：世界图书出版公司，2009.

[14] 曾建权，郑丕谔. 我国人力资本发展战略研究［J］. 天津大学学报（社会科学版），2001（6）：152-156.

[15] 加里·S. 贝克尔. 人力资本［M］. 北京：北京大学出版社，1997.

[16] 吴伟俊. 人力资本异质性理论与人才"金字塔"体系构建［J］. 学习与实践，2019（1）：51-56.

[17] 西奥多·W. 舒尔茨. 人力资本投资［M］. 北京：华夏出版社，1990.

[18] 加里·德斯勒. 人力资源管理［M］. 北京：中国人民大学出版社，1999.

[19] 董克用. 人力资源管理［M］. 北京：中国人民大学出版社，2011.

[20] 王华柯. 我国农民工培训研究综述［J］. 湖北职业教育学院学报，2010（4）：20-23，27.

[21] 徐本仁. 民工潮向农村成人教育提出了新课题［J］. 中国成人教育，1994（12）：14-15.

[22] 蔡昉. 劳动力市场变化趋势与农民工培训的迫切性［J］. 职业技术教育，2005，26

（27）：30-32.

［23］韩俊，汪志洪，崔传义，等．农民工培训实态及其"十二五"时期的政策建议［J］．改革，2010（9）：74-85.

［24］袁其义．建筑业农民工培训工作存在的问题及对策［J］．中外建筑，2008（7）：138-139.

［25］陈贵业．建筑业农民工职业技能培训研究［D］．南宁：广西大学，2006.

［26］王春林．建筑业农民工培训不足问题及其解决路径研究［J］．建筑经济，2011（4）：21-24.

［27］张娟．湖南省建筑行业农民工职业技能培训的问题与对策研究［D］．长沙：湖南大学，2012.

［28］唐华．建筑业农民工就业培训之我见［J］．中外建筑，2013（4）：122-123.

［29］姜继兴．关于建立和完善建筑产业工人队伍培养机制的调研报告［J］．中国建筑年鉴，2015：524-526.

［30］华乃晨．建筑业新生代农民工培训模式研究［D］．沈阳：辽宁大学，2012.

［31］刘荣福，高建华．"8090后"建筑业农民工培训问题研究［J］．大众科技，2013（5）：266-267，291.

［32］张园园．新生代建筑业农民工职业培训模式研究［D］．济南：山东建筑大学，2016.

［33］张晓．我国农民工培训的政府责任研究［D］．汕头：汕头大学，2010.

［34］尚世宇．建筑业农民工培训中参与各方的角色定位［J］．漯河职业技术学院学报，2011（2）：69-71.

［35］戎贤，张昆，刘平．建筑业农民工培训问题博弈研究［J］．宁夏农业科技，2012（5）：141-143.

［36］刘丽娜，付燎原．基于博弈理论的建筑业农民工就业培训中 NGO 和政府的合作分析［J］．陕西农业科学，2014（5）：90-91，96.

［37］谢芬芳，谢新会，李彤，等．建筑业农民工培训机制研究报告［J］．职教论坛，2008（4）：34-36.

［38］王冰松，杨开忠．劳务分包制度下的建筑工人培训组织机制探讨［J］．建筑经济，2008（11）：14-17.

［39］韩琳．河北省建筑业农民工职业培训研究［D］．石家庄：河北师范大学，2012.

［40］涂忠强，刘斌，郭起剑．江苏建筑业民工培训体系建设探索［J］．研究与探讨，2013（12）：62-66.

［41］吴书安，王鹏，闫志刚．西方现代学徒制对中国建筑产业工人培养的启示［J］．建筑经济 2013（11）：100-103.

［42］金涛．Y 市建筑民工培训体系研究［D］．成都：西南石油大学，2013.

［43］肖伊．例谈"类比教学"的两大误区［J］．物理教学探讨，2006（5）：22-23.

［44］李文川，鲁银梭．基于农民工流动的浙江产业工人素质提升战略研究［J］．改革与战略，2009（1）：47-50.

［45］张岭．流动的共同体：新生代农民工、村庄发展与变迁［M］．北京：中国社会科学出版社，2016.

[46] 张跃进. 中国农民工问题解读 [M]. 北京：光明日报出版社，2007.

[47] 李英东，周文斌. 各类农民工群体在城市的境遇及其作用 [J]. 经济研究参考，2006 (1)：38-39.

[48] 戴国琴. 建筑业劳动力未来供给趋势及影响因素研究 [D]. 杭州：浙江大学，2013.

[49] 杨超. 产业工人的地位与劳动价值理论创新 [J]. 上海大学学报（社会科学版），2003 (1)：15-19.

[50] 刘玉照，舒亮. 社会转型与中国产业工人的技能培养体系 [J]. 西北师大学报（社会科学版），2016 (1)：25-32.

[51] 李珂，张善柱. 高素质产业工人队伍建设发展的实践路径分析 [J]. 中国劳动关系学院学报，2017，31 (1)：1-7.

[52] 任宏，高景鑫，蔡伟光，等. 建筑业农民工转化为产业工人的动力机制 [J]. 土木工程与管理学报，2018 (4)：16-23，31.

[53] 王永章. 新常态下供给侧改革与中国产业工人转型发展 [J]. 河北学刊，2016，36 (6)：130-134.

[54] 王晓莉，黄牧. 新生代农民工向产业工人转变的影响因素研究 [J]. 宜春学院学报，2010，32 (7)：44-46.

[55] 国务院研究室课题组. 中国农民工调研报告 [M]. 北京：中国言实出版社，2006.

[56] 谢建社. 新产业工人阶层：社会转型中的农民工 [M]. 北京：社会科学文献出版社，2012.

[57] 李里丁. 新常态下建筑业面临的几个问题 [J]. 施工企业管理，2015 (2)：28.

[58] 阎西康，常璐平，兰天，等. 建筑业劳务用工产业工人化途径调查研究 [J]. 建筑经济，2015，36 (12)：9-12.

[59] 刑作国. 加快培育新时期建筑产业工人队伍 [J]. 建筑，2018 (13)：20-21.

[60] 加里·德斯勒. 人力资源管理 [M]. 北京：中国人民大学出版社，2007.

[61] 赵署明，张正堂，程德俊. 人力资源管理与开发 [M]. 北京：高等教育出版社，2009.

[62] 佟斌，梁鸣. 五种观赏草种子繁殖特性研究 [J]. 国土与自然资源研究，2015 (4)：88-89.

[63] J Derek Bewley, Kent J Brandford, Henk W M Hihorst, 等. 种子：发育、萌发和休眠的生理 [M]. 莫蓓莘，译. 北京：科学出版社，2013.

[64] Allen P S, Benech-AQrnold RL, Batlla D, et al. In: Bradford KJ, Nonogaki H (eds) Seed development, dormancy and germination [M]. Oxford: Blackwell Publishing.

[65] 王晓波，宋婷婷. 多效唑对水稻种子萌发及秧苗素质的影响 [J]. 广东农业科学，2011，38 (3)：28-30.

[66] 李如来. 外源植物激素对甘草生长的影响研究 [D]. 银川：宁夏大学，2013.

[67] Paweł Jedynak, Beata Myśliwa-Kurdziel, Elżbieta Turek, et al. Photoinduction of Seed Germination in Arabidopsis Thaliana is Modulated by Phototropins [J]. Acta Biologica Cracoviensia Series Botanica, 2013, 55 (1): 67-72.

[68] Finch-Savage W E. In: Benech-Arnold R, Sanchez DA (eds) Handbook of seed

physiology Applications to agriculture［M］．Food Products Press，New York，2004.

［69］ Nonogaki H，Bassel G W，Bewley J D．Germination：Still a mystery［J］．Plant Science，2010，179（6）：574-581.

［70］ 周长军，李建英，田中艳，等．大豆芽菜萌发条件研究［J］．黑龙江农业科学，2010（11）：12-14.

［71］ 王冠．叙事分析：网络社会认同研究的方法［J］．学习与探索，2013（7）：38-43.

［72］ 陈向明．扎根理论在中国教育研究中的运用探索［J］．北京大学教育评论，2015，13（1）：2-15，188.

［73］ 邵爱国，李锐，韦洪涛．失地农民再就业培训参与决策机制的探讨：基于扎根理论的质性分析［J］．苏州大学学报（哲学社会科学版），2018，39（6）：121-131.

［74］ 费小冬．扎根理论研究方法论：要素、研究程序和评判标准［J］．公共行政评论，2008（3）：23-43，197.

［75］ 唐素云．我国高等教育质量保障政策的价值分析（1985 年—2017 年）［D］．广州：广州大学，2018.

［76］ 孙晓娥．扎根理论在深度访谈研究中的实例探析［J］．西安交通大学学报（社会科学版），2011，31（6）：87-92.

［77］ 戈锦文，肖璐，范明．魅力型领导特质及其对农民合作社发展的作用研究［J］．农业经济问题，2015，36（6）：67-74，111.

［78］ Eli Gimmon，Jonathan Levie．Instrumental Value Theory and the Human Capital of Entrepreneurs［J］．Journal of Economic Issues，2009，43（3）：715-732.

［79］ 魏敏．人力资本理论对农民工培训的启示［J］．求索，2005（4）：92-93.

［80］ 加里·贝克尔．人力资本［M］．北京：机械工业出版社，2016.

［81］ Patrick Fitzsimons，Michael Peters．Human capital theory and the industry training strategy in New Zealand［J］．Journal of Education Policy，1994，9（3）：245-266.

［82］ 郝冰．中国对外劳务输出问题研究［D］．上海：华东师范大学，2006.

［83］ 陈霞，段兴民．人力资本外部效应及其测度研究［J］．科技进步与对策，2003，20（17）：26-28.

［84］ 李明斐，卢小君．胜任力与胜任力模型构建方法研究［J］．大连理工大学学报（社会科学版），2004（1）：28-32.

［85］ Jennifer M Brill，M J Bishop，Andrew E Walker．The Competencies and Characteristics Required of an Effective Project Manager：A Web-Based Delphi Study［J］．Educational Technology Research and Development，2006，54（2）：115-140.

［86］ D C McClelland．Testing for competence rather than for "intelligence"［J］．American Psychologist，1973，28（1）：1-14.

［87］ Spencer Jr L M，Spencer S M．Competence at work：Models for superior performance［M］．New York：John Wiley & Sons，Inc，1993.

［88］ 王馨艺．基于胜任力模型的 ZGH 建筑施工企业项目经理培训体系研究［D］．西安：西安科技大学，2016.

［89］ 冯明，尹明鑫．胜任力模型构建方法综述［J］．科技管理研究，2007（9）：229-

230，233.

[90] 赵曙明，杜娟. 基于胜任力模型的人力资源管理研究［J］. 经济管理，2007（6）：16-22.

[91] 刘凤英. 基于学习型组织理论的高校教师培训与开发体系研究［D］. 南京：南京理工大学，2009.

[92] Farid M Qawasmeh, Ziad S Al-Omari. The Learning Organization Dimensions and Their Impact on Organizational Performance：Orange Jordan as a Case Study［J］. Arab Economic and Business Journal，2013，8（1-2）：38-52.

[93] 徐葆良. 创建"学习型组织"与提高高校教师素质［J］. 北京工业大学学报（社会科学版），2003（4）：89-91.

[94] 汪颖. 回归生态的农远工程教师培训［J］. 中国电化教育，2009（1）：51-54.

[95] 赵海涛. 胜任力理论及其应用研究综述［J］. 科学与管理，2009，29（4）：15-18.

[96] 邹广文. "企业文化漫谈"之八：学习型企业的管理与实践（上）［J］. 理论学习，2003（4）：49-50.

[97] 梅莉. 基于知识产权战略的企业技术创新机制研究［J］. 未来与发展，2012，35（5）：59-65.

[98] Pelin Kanten, Selahattin Kanten, Mert Gurlek. The Effects of Organizational Structures and Learning Organization on Job Embeddedness and Individual Adaptive Performance［J］. Procedia Economics and Finance，2015，23（8）：1358-1366.

[99] 曹旭，刘佳宏. 学习型组织理论与企业人员培训与开发［J］. 中国集体经济，2017（21）：121-122.

[100] 陈江华. 学习型组织理论研究综述与评价［J］. 北京交通大学学报（社会科学版），2014，13（2）：65-71.

[101] 鲍道宏. 从"终身教育"到"学习型社会"：国外"学习型社会"理论、理念和思潮发展脉络探析［J］. 福建教育学院学报，2008（1）：51-55.

[102] 王雪锦. 依据"学习型"理论构建自我的超越［J］. 人力资源管理，2013（5）：138-139.

[103] 杜永杰. 中国建筑业农民工转化为产业工人的动力机制研究［D］. 重庆：重庆大学，2017.

[104] 戈锦文. 知识吸收能力及其影响因素对农民合作社绩效的作用研究［D］. 镇江：江苏大学，2016.

[105] 王璐，高鹏. 扎根理论及其在管理学研究中的应用问题探讨［J］. 外国经济与管理，2010，32（12）：10-18.

[106] 徐菲. 人际冷漠维度探索：基于扎根理论的研究［D］. 昆明：云南师范大学，2016.

[107] 冯生尧，谢瑶妮. 扎根理论：一种新颖的质化研究方法［J］. 现代教育论丛，2001（6）：51-53.

[108] 王峰. 基于供需耦合的大学生就业能力结构优化及实证研究［D］. 徐州：中国矿业大学，2018.

[109] 王扬眉. 家族企业继承人创业成长金字塔模型：基于个人意义构建视角的多案例研究 [J]. 管理世界，2019，35（2）：168-184，200.

[110] 陈向明. 扎根理论的思路和方法 [J]. 教育研究与实验，1999（4）：58-63，73.

[111] 桑国元，于开莲. 基于人种志视角的课堂观察理论与实践 [J]. 中国教育学刊，2007（5）：48-51.

[112] 李志刚. 扎根理论方法在科学研究中的运用分析 [J]. 东方论坛，2007（4）：90-94.

[113] 贾旭东，衡量. 基于"扎根精神"的中国本土管理理论构建范式初探 [J]. 管理学报，2016，13（3）：336-346.

[114] Schultheiss O C, Brunstein J C. Assessment of implicit motives with a research version of the TAT：picture profiles, gender differences, and relations to other personality measures [J]. Journal of Personality Assessment, 2001, 77（1）：71-86.

[115] Máirtín S McDermott, Madalyn Oliver, Alexander Svenson, et al. The theory of planned behaviour and discrete food choices：a systematic review and meta-analysis [J]. International Journal of Behavioral Nutrition and Physical Activity, 2015, 12（1）：162.

[116] Ane Noyes, Maggie Hendry, Andrew Booth, et al. Current use was established and Cochrane guidance on selection of social theories for systematic reviews of complex interventions was developed [J]. Journal of Clinical Epidemiology, 2016（7）：75.

[117] Leonardo Lancia, Benjamin Rosenbaum. Coupling relations underlying the production of speech articulator movements and their invariance to speech rate [J]. Biological Cybernetics, 2018, 112（3）：253-276.

[118] 彭烨，陆素菊. 关于农民工培训模式的研究综述 [J]. 职教通讯，2010（7）：32-37.

[119] 华乃晨. 建筑业新生代农民工培训模式研究 [D]. 沈阳：辽宁大学，2012.

[120] 廖金萍. 基于经济学视角下的农民工培训模式选择 [J]. 南方农村，2008（3）：44-46.

[121] 李湘萍. 富平模式：农民工培训的制度创新 [J]. 教育发展研究，2005（12）：81-84.

[122] 徐建军. 我国农民工就业培训模式研究 [D]. 成都：西南财经大学，2013.

[123] 张正通. 旧城改造 PPP 项目风险传导与控制研究 [D]. 重庆：重庆大学，2018.

[124] G B Arhonditsis, C A Stow, L J Steinberg, et al. Exploring ecological patterns with structural equation modeling and Bayesian analysis [J]. Ecological Modelling, 2006, 192（3-4）：385-409.

[125] 毛超. 我国住宅工厂化建造的动力机制研究 [D]. 重庆：重庆大学，2013.

[126] 罗玉波，王玉翠. 结构方程模型在竞争力评价中的应用综述 [J]. 技术经济与管理研究，2013（3）：21-24.

[127] Irene RR Lu, Ernest Kwan, D Roland Thomas, et al. Two new methods for

estimating structural equation models: An illustration and a comparison with two established methods [J]. International Journal of Research in Marketing, 2011, 28 (3): 258-268.

[128] Patrick Y K Chau. Reexamining a Model for Evaluating Information Center Success Using a Structural Equation Modeling Approach [J]. Decision Sciences, 1997, 28 (2): 309-344.

[129] Mike W L Cheung. Fixed-and random-effects meta-analytic structural equation modeling: Examples and analyses in R [J]. Behavior Research Methods, 2014, 46 (1): 29-40.

[130] 杨帆. 可行能力视域下新生代农民工相对贫困测度与生成机理研究 [D]. 雅安: 四川农业大学, 2018.

[131] 张华. 中国城镇化进程中城乡基本公共服务均等化研究 [D]. 沈阳: 辽宁大学, 2018.

[132] A Christmann, S Van Aelst. Robust estimation of Cronbach's alpha [J]. Journal of Multivariate Analysis, 2006, 97 (7): 1660-1674.

[133] Douglas G Bonett, Thomas A Wright. Cronbach's alpha reliability: Interval estimation, hypothesis testing, and sample size planning [J]. Journal of Organizational Behavior, 2015, 36 (1): 3-15.

[134] 苏子逢. 农民工社会融合过程中的社会风险研究 [D]. 哈尔滨: 哈尔滨工程大学, 2018.

[135] 佐赫. 农民工市民化成本分担机制研究 [D]. 哈尔滨: 东北林业大学, 2018.

[136] 罗军. 资源禀赋差异与新生代农民工创业决策研究 [D]. 广州: 华南农业大学, 2017.

[137] F S T Pinto, F S Fogliatto, E M Qannari. A method for panelists' consistency assessment in sensory evaluations based on the Cronbach's alpha coefficient [J]. Food Quality and Preference, 2014, 32: 41-47.

[138] Karl S Bagraith, Jenny Strong, Pamela J Meredith, et al. Rasch analysis supported the construct validity of self-report measures of activity and participation derived from patient ratings of the ICF low back pain core set [J]. Journal of Clinical Epidemiology, 2017, 84: 161-172.

[139] 童星. 农民工随迁子女学校内部公平研究 [D]. 上海: 华东师范大学, 2018.

[140] 曾五一, 黄炳艺. 调查问卷的可信度和有效度分析 [J]. 统计与信息论坛, 2005 (6): 13-17.

[141] 李兴华. 大城市市民对新生代农民工的居住邻避效应研究 [D]. 南京: 南京大学, 2017.

[142] Edward Shiu, Simon J Pervan, Liliana L Bove, et al. Reflections on discriminant validity: Reexamining the Bove et al. (2009) findings [J]. Journal of Business Research, 2011, 64 (5): 497-500.

[143] 任劼. 农民收入质量对其消费及投资的影响研究 [D]. 杨凌: 西北农林科技大

学，2016.

[144] 马红玉．社会资本、心理资本与新生代农民工创业绩效研究［D］．长春：东北师范大学，2016.

[145] 杨真．农村青少年人力资本积累驱动路径研究［D］．济南：山东大学，2020.

[146] 邓秀勤．农业转移人口市民化进程中的地方依恋研究：影响因素与实证［D］．福州：福建农林大学，2017.

[147] 范晓非．中国二元经济结构转型与农村劳动力转移问题的计量分析［D］．大连：东北财经大学，2014.

[148] 钱芳．农民工就业质量影响因素及其作用机理研究［D］．南昌：南昌大学，2014.

[149] 曲江月．技术创业团队心理资本对创业绩效的影响研究［D］．西安：西安电子科技大学，2017.

[150] 姚缘．信息获取、职业流动性与新生代农民工市民化［D］．沈阳：沈阳农业大学，2013.

[151] 田双清，谢皖东，陈磊，等．城镇近郊区空心村整治农户意愿及影响因素分析：以成都市 5 个县（市、区）17 个村为例［J］．水土保持研究，2017，24（5）：305-313.

[152] 陆淑珍．城市外来人口社会融合研究［D］．中山：中山大学，2012.

[153] 单玉静．技术能力对制造业服务化绩效的影响研究［D］．西安：西安理工大学，2017.

[154] 李伟霞．高承诺型人力资源管理系统对员工工作绩效与亲组织非伦理行为的影响机制［D］．杭州：浙江财经大学，2019.

[155] 袁方．城镇化背景下农民工福利问题研究［D］．上海：上海交通大学，2016.

[156] Benda B B, Corwyn R F. A theoretical model of religiosity and drug use with reciprocal relationships：A test using structural equation modeling［J］. Journal of Social Service Research，2000，26（4）：43-67.

[157] 张务伟．中国城乡劳动力市场非均衡问题研究［D］．泰安：山东农业大学，2011.

[158] Bowen N K, Guo S. Structural equation modeling［M］. Oxford：Oxford University Press，2011.

[159] 徐美银．人力资本、社会资本与农民工市民化意愿［J］．华南农业大学学报（社会科学版），2018，17（4）：53-63.

[160] 徐增阳，崔学昭，姬生翔．基于结构方程的农民工公共服务满意度测评：以武汉市农民工调查为例［J］．经济社会体制比较，2017（5）：62-74.

[161] 解坤，张俊芳．基于 KMO-Bartlett 典型风速选取的 PCA-WNN 短期风速预测［J］．发电设备，2017，31（2）：86-91.

[162] 傅惠明，林逢春．Bartlett 统计量的修正公式［J］．机械强度，2007（2）：237-240.

[163] 牛新可．基于系统型培训模式视角下建筑施工企业安全教育培训研究［D］．深圳：深圳大学，2016.

[164] 胡君辰，郑绍镰．人力资源开发与管理［M］．上海：复旦大学出版社，1999.

[165] 闫静．我国中小民营企业培训中存在的问题及对策［J］．运城学院学报，2010，28

(6)：71-73.

[166] 胡莹．员工培训需求分析模型在内训师管理中的应用与实践［J］．中国市场，2018 (18)：127-128.

[167] 童音．人力资源培训需求分析在公务员培训制度中的借鉴意义［J］．经营管理者，2012 (4)：93-99.

[168] 黄筠斐．浅析员工培训需求分析［J］．职业，2015 (24)：161.

[169] 马文婷．基层公务员个体培训需求特征研究［D］．广州：暨南大学，2009.

[170] 杨波．我国建筑业执业资格胜任能力评价研究［D］．西安：西安建筑科技大学，2013.

[171] 梁孔政．基于胜任素质的施工工人安全能力模型研究［D］．武汉：华中科技大学，2015.

[172] 熊伟．注册资产评估师胜任能力研究［D］．大连：东北财经大学，2011.

[173] Spencer L M，Spencer P S M．Competence at Work models for superior performance ［M］．New York：John Wiley & Sons，2008.

[174] 鲁贵卿．企业培训体系的构建与运行［J］．施工企业管理，2015 (7)：80-82.

[175] 张兰霞，闵琳琳，方永瑞．基于胜任力的人力资源管理模式［J］．东北大学学报 (社会科学版)，2006 (1)：16-19.

[176] 杨端祥．宁波市政建设集团项目经理胜任力素质模型构建研究［D］．济南：山东大学，2010.

[177] 管惠娟．胜任力模型在员工甄选中的应用研究［J］．企业研究，2010 (19)：64-65.

[178] Christine Davis，Dana Farias，Kathleen Baynes．Implicit phoneme manipulation for the treatment of apraxia of speech and co-occurring aphasia［J］．Aphasiology，2009，23 (4)：503-528.

[179] 钟东哲．中建五局有限公司人力资源战略研究［D］．湘潭：湘潭大学，2012.

[180] 张建政，武艳艳，翟玉建．继续教育视角下农民工城镇融入的困境与对策［J］．安徽农业科学，2012，40 (7)：4446-4447，4462.

[181] 牛新可．基于系统型培训模式视角下建筑施工企业安全教育培训研究［D］．深圳：深圳大学，2016.

[182] 刘怡．我国高等教育研究机构的组织转型研究［D］．武汉：华中科技大学，2017.

[183] 理查德·斯科特，杰拉尔德·戴维斯．组织理论：理性、自然与开放系统的视角 ［M］．高俊山，译．北京：中国人民大学出版社，2011.

[184] 朱晓．贵州省都匀市公安局组织机构扁平化改革研究［D］．天津：天津大学，2012.

[185] 罗畅．中建五局员工培训体系优化研究［D］．长沙：湖南大学，2014.

[186] 雷蒙德·诺伊．雇员培训与开发［M］．6版．北京：中国人民大学出版社，2015.

[187] 杨晶，赖文燕．"互联网＋"视域下新生代农民工培训体系研究［J］．科技传播，2017，9 (18)：54-56.

[188] Donald L Kirkpatrick，James D Kirkpatrick．Evaluating Training Programs，The Four Levels［M］．San Francisco：Berrett-Koehler，2007.

［189］Holton E F. The Flawed Four-Level Evaluation Model and Invited Reaction：Reaction to Holton Article and Final Word：Response to Reaction to Holton Article. ［J］. Human Resource Development Quarterly，1996，7（1）：5-29.

［190］张必兰，杜继淑．农民工培训效果的评估模型与应用［J］．重庆工商大学学报（西部论坛），2009，19（6）：20-24.

［191］Yager Roland R. Classic Works of the Dempster-Shafer Theory of Belief Functions ［M］. Berlin：Springer，2008.

［192］Yafit Cohen，Maxim Shoshany. Analysis of convergent evidence in an evidential reasoning knowledge-based classification ［J］. Remote Sensing of Environment，2005，96（3-4）：518-528.

［193］Tracey J B，Tannenbaum S I，Kavanagh M J. Appling trained skills on the job：The importance of the work environment ［J］. Journal of AppliedPsychology，1995，80（2）：239-252.

［194］孙晶言．探析知识管理模式在高校管理中的应用［J］．吉林省教育学院学报（学科版），2009，25（5）：132-133.

［195］Peter E D Love，Heng Li，Zahir Irani，et al. Total quality management and the learning organization：a dialogue for change in construction ［J］. Construction Management and Economics，2000，18（3）：321-331.

［196］阚长侠．我国政府主导型农民培训存在的问题及解决对策［J］．农业科技管理，2009，28（4）：56-59.

［197］王桂新，沈建法，刘建波．中国城市农民工市民化研究：以上海为例［J］．人口与发展，2008（1）：3-23.

［198］邹延睿．新生代农民工产业工人化的制约因素与对策［J］．改革与开放，2011（11）：31-32.

［199］周利兵．论多方主体协同推进农民工职业培训：基于社会治理的视角［J］．长白学刊，2016（1）：118-125.

［200］徐卫．新生代农民工职业培训研究［D］．武汉：武汉大学，2014.

附 录
APPENDIXS

附录一　建筑业农民工向产业工人转化的培训影响因子访谈提纲

建筑业农民工培训系统是一个有机整体，涉及建筑业农民工、建筑企业、建筑行业、培训机构、政府，以及社会力量各层级、各参与方的利益诉求，需要从系统理论出发构建建筑业农民工培训系统影响因子体系。为了保证影响因子体系构建的系统、科学和完整性，本次访谈将从建筑业培训各相关主体入手，进行深入访谈。鉴于贵单位在建筑领域有丰富的实践经验，对建筑业农民工及其向产业工人转化培训有独到深刻的认识，为此特请你们作为本领域的专家群体，拨冗为我们提供指导。你们的真实意见和建议非常珍贵且重要，将直接或间接影响我国建筑业农民工向产业工人转化培训的发展方向和路线。感谢支持!

访谈对象：农民工

1. 请问您是哪里人，从事什么工种?
2. 当初是什么原因进入建筑行业?
3. 进入建筑行业以后，是否参加过培训?
4. 当时参加/没参加培训的原因是什么?
5. 是否认为参加培训很有必要? 为什么?
6. 培训的内容是否能用到工作中? 具体是哪一项?
7. 培训后的工作生活是否有变化? 您希望培训可以带来什么?
8. 还有哪些因素影响到培训效果?

访谈对象：建筑企业

1. 企业对农民工是否有培训? 主要集中在哪块?
2. 企业在安排农民工培训时，主要考虑哪些因素?
3. 企业是否有农民工专项培训经费?

4. 是否有培训基地?

5. 农民工接受培训后是否提高了企业绩效? 体现在哪里?

6. 获得培训证书的农民工在招聘、薪酬、晋升上是否有所不同?

7. 在工作过程中，通过什么方式来加强农民工培训意识?

8. 您认为从企业角度看，还有哪些因素会影响到农民工培训效果?

访谈对象: 政府主管部门

1. 政府是否有制定培训年度计划?

2. 是否有相应职能分管机构?

3. 培训信息化网络建设进展如何?

4. 相关培训政策执行效果如何考量?

5. 培训政策的推行难点在哪里?

6. 培训与企业资质管理是否相挂钩?

7. 您认为还有哪些因素会影响到农民工培训效果?

访谈对象: 建筑行业协会

1. 行业协会在推进建筑业农民工向产业工人转化培训可以起到哪些作用?

2. 是否有培训相关配套政策或活动? 效果如何?

3. 您认为在推进建筑业农民工向产业工人转化培训工作中主导方应该是谁? 为什么?

4. 您认为在培训实施中难点是什么? 为什么?

5. 培训工作成效是否与行业评优相挂钩? 为什么?

6. 您认为还有哪些因素会影响到农民工培训效果?

访问对象: 社会力量

1. 您认为哪些社会力量会推动建筑业农民工向产业工人转化培训工作的开展?

2. 主要可以从哪些方面推进培训工作?

3. 培训工作中的难点在哪里?

4. 参与培训工作的动力是什么?

5. 您认为还有哪些因素会影响到农民工培训效果?

附录二　建筑业农民工职业培训现状调查问卷

尊敬的师傅：

您好！

这是一份关于现阶段建筑业农民工培训情况的调研，目的是为政府部门制定相关政策建议提供依据，同时提高劳务人员培训质量及农民工社会地位。本次调研为不记名问卷，调查结果也将严格保密，希望您能根据自身真实情况和想法独立填答，请在符合自己情况的答案序号前画"√"，非常感谢您的支持和配合。

一、个人基本情况

1. 您的性别？

　　A. 男　　　　　　B. 女

2. 您的年龄？

3. 您的文化程度？

　　A. 小学以下　　　　　　B. 小学　　　　　　　C. 初中

　　D. 高中及中专　　　　　E. 大专及其以上

4. 您的婚姻状况？

　　A. 未婚　　　B. 已婚有子女　　　C. 已婚无子女　　　D. 其他

5. 您的身体状况？

　　A. 较差　　　　　　B. 一般　　　　　　C. 良好

6. 和周围人相比，您感觉日子过得怎样？

　　A. 我比周围人过得好　　B. 和周围人差不多　　C. 比周围人差一点

7. 您喜欢在城市工作生活吗？您对长期在城市工作生活怎么看？

　　A. 非常喜欢，希望在城市定居

　　B. 考虑子女教育等问题，虽不喜欢城市但会继续留在城市

　　C. 在城市生活压力大，工作几年还是回农村

　　D. 其他

8. 您对子女、亲戚、朋友们从事自己的行业持什么态度？

　　A. 支持　　　　　　B. 反对　　　　　　C. 中立

二、工作状况

9. 您从事的工种？

　　A. 钢筋工　　　　　　B. 砌筑工　　　　　　C. 手工木工

　　D. 架子工　　　　　　E. 电焊工　　　　　　F. 混凝土工

G. 其他

10. 您是否有职业等级证书/岗位证书？

    A. 有　　　　　　　　　　B. 没有，但有技能能正常工作

    C. 无特殊技能　　　　　　D. 其他

11. 您与工作单位是否签订了劳动合同？

    A. 签订了合同，有五险　　B. 签订了合同，有三险

    C. 没有签订合同　　　　　D. 不知道

12. 您为什么从事建筑业？

    A. 工资相比其他行业较高　B. 门槛低，易找工作

    C. 喜欢这个行业　　　　　D. 其他

13. 每年外出打工的时间有多长？

    A. 1～3 个月　　　　　　B. 4～6 个月

    C. 7～9 个月　　　　　　D. 10 个月以上

14. 您现在平均每天工作时间大约是多少？

    A. 8 小时　　　　　　　　B. 9～10 小时

    C. 11～12 小时　　　　　D. 12 小时以上

15. 您现在的平均日收入是多少？

    A. 300 元及以下　　　　　B. 301～500 元

    C. 501～700 元　　　　　D. 701 元以上

16. 您现在拥有的技能能否满足工作需要？

    A. 能　　　　B. 不能　　　　C. 基本可以满足

三、职业培训基本情况

培训现状：

17. 您对农民工培训相关政策了解吗？

    A. 了解　　　　　　　　　B. 不了解

    C. 了解一点　　　　　　　D. 没有途径了解

18. 学习和掌握一门技术，您认为什么样的方法比较好？

    A. 参加职业培训　　B. 找师傅　　C. 自学　　D. 其他

19. 您从事建筑业以来是否参加过职业培训？

没有的话，原因是什么？（可多选）

    A. 没有渠道参加培训　　　B. 工作辛苦，参加培训不方便

    C. 经济条件不允许　　　　D. 听说培训质量不高

    E. 其他原因

有的话，您获得技能培训的形式是什么？（可多选）

A. 用人单位组织学习　　　　B. 师徒帮带

C. 政府部门、社会团体组织免费培训

D. 自费参加技校或职业学校

E. 其他方式

20. 您参加培训的资金来源是什么？

A. 自己承担　　　　　　　B. 单位承担

C. 单位和个人共同承担　　D. 国家补贴培训费用

21. 您参加培训的单项平均费用为多少？

A. 免费　　　　　　B. 100～300 元　　　　C. 301～500 元

D. 501～1 000 元　　E. 1 001 元以上

22. 您知道政府对农民工参加培训有补贴吗？或者您所知道的工友参加培训享受到补贴吗？

A. 没有，没听说过　　　　B. 我没有，但其他人有享受到

C. 有，我享受到了

23. 您所在企业是否重视对员工的培训？

A. 很不重视　　　B. 不重视　　　C. 一般

D. 重视　　　　　E. 非常重视

培训评价：

24. 您认为现有培训中存在的问题有哪些？（可多选）

A. 提供的培训项目不能满足自己需求　　B. 培训效果一般

C. 费用太高，不愿支付　　D. 培训占用时间太长

E. 其他

25. 您参加培训后，对工资收入增加有帮助吗？

A. 完全没帮助　　　B. 作用较小　　　C. 一般

D. 作用较大　　　　E. 很有帮助

26. 您对职业培训效果的总体评价是什么？

A. 非常有帮助　　　　　　B. 有较大帮助

C. 多少有点帮助　　　　　D. 没帮助

四、培训需求意愿

27. 您认为工作前是否应该接受职业培训？

A. 有必要先培训　　　　　B. 无所谓

C. 说不清楚　　　　　　　D. 没必要培训

28. 找工作时遇到过资质要求吗？（如文化程度、技术、资格证书要求等）

A. 有　　　　　　　　　　B. 没有

29. 您最喜欢哪种培训方式？

    A. 现场培训　　　　　　　B. 面对面授课

    C. 多媒体培训　　　　　　D. 多方式集合

    E. 无所谓

30. 您认为，多长时间的培训您更乐意接受？

    A. 1 天以内　　　　　　　B. 一星期内

    C. 一个月内　　　　　　　D. 一个月以上

31. 您认为培训时间安排在什么时候比较合适？

    A. 正常上班期间　　　　　B. 休息日

    C. 外出务工之前　　　　　D. 晚上

    E. 无所谓

32. 如果您有机会参加培训，您可接受的培训地点是哪里？（可多选）

    A. 家庭住所　　　　B. 务工地　　　　C. 用人单位

    D. 培训单位　　　　E. 无所谓

33. 您愿意为一次技能培训提供多少培训费？

    A. 免费　　　　　B. 100～300 元　　　　C. 301～500 元

    D. 501～1 000 元　　E. 1 001 元以上

34. 您最信赖的培训机构是哪个？

    A. 有政府背景的人才市场培训机构

    B. 正规职业院校的培训机构

    C. 企业或行业协会的培训机构

    D. 社会职业中介举办的培训机构

附录三　建筑业农民工向产业工人转化系统化培训驱动力调查问卷

尊敬的女士/先生：

您好！为促进建筑行业转型升级和新型建筑工业化，推动和实现建筑业农民工向产业工人转化，提升建筑工人的职业化水平和市民化水平，我们在进行大量的文献资料梳理、专家访谈和系统的理论分析基础上，设计了本调查问卷，力求全面了解我国建筑业农民工向产业工人转化培训所涉及的相关因素和信息，为未来建筑业农民工培训系统构建和实践开展提供重要依据和基础。鉴于贵单位在建筑领域有丰富的实践经验，对建筑业农民工及其向产业工人转化培训有独到深刻的认识，为此特请你们作为本领域的专家群体，拨冗为我们提供指导。你们的真实意见和建议非常珍贵且重要，将直接或间接影响我国建筑业农民工向产业工人转化培训的发展方向和路线。感谢支持！

请在每题的答案中画一个或多个√，或直接在空格中填写。如果您对建筑业农民工培训系统构建和制度实施的有关问题还有其他建议、意见，欢迎通过电子邮件、电话等途径向我们反馈。

联系人：

电子邮箱：

受访者所属机构基本信息

机构所在的省份：＿＿＿＿＿＿＿＿＿＿＿＿＿

机构性质：□政府部门　□行业协会　□企业　□科研单位　□培训机构
□其他

1. 请判断以下各因素对提升建筑行业驱动力的重要性

其中：1-非常不重要　2-不重要　3-不确定　4-很重要　5-非常重要

题项	1	2	3	4	5
［1］建立建筑业职业准入制度					
［2］严格执行建筑工人持证上岗制度					
［3］加强对现场作业人员的技能水平和配备比例监督检查					
［4］制定向产业工人转化培训的配套政策					

（续）

题项	1	2	3	4	5
［5］编制施工现场人员配备标准，督促企业强化技能培训和开展技能鉴定					
［6］创新培训模式，将实际工程生产与考核鉴定结合					
［7］建立科学的建筑业农民工向产业工人转化培训成效的考核体系					
［8］加强建筑业劳动力培训市场信息网络建设					

2. 请判断以下各因素对提升建筑企业驱动力的重要性
其中：1-非常不重要　2-不重要　3-不确定　4-很重要　5-非常重要

题项	1	2	3	4	5
［1］根据市场需求，制定建筑产业工人培养计划					
［2］优化整合培训资源，建立培训基地					
［3］完善建筑工人职业提升通道					
［4］建立合理的、与技能水平匹配的建筑工人薪酬制度					
［5］建立技能人才专家库和首席技师制度					
［6］设立建筑工人培训专项经费					
［7］建立科学的技能鉴定制度					
［8］发挥建筑工人组织化主体作用					

3. 请判断以下各因素对提升政府主管部门驱动力的重要性
其中：1-非常不重要　2-不重要　3-不确定　4-很重要　5-非常重要

题项	1	2	3	4	5
［1］将建筑业农民工向产业工人转化的年度培训计划纳入地方经济社会发展规划					
［2］及时修订企业资质标准，将建筑工人培训情况与建筑企业市场准入、招标投标、诚信体系、评价评优等挂钩					

（续）

题项	1	2	3	4	5
［3］合理编制建筑业农民工向产业工人转化培训的财政预算					
［4］努力营造重视技能、崇尚技能的行业氛围和社会环境					
［5］成立建筑产业工人培训工作主管部门					
［6］开展对建筑业农民工向产业工人转化培训的检查、管理与监督工作					
［7］完善建筑工人相关职业技能标准和评价规范制定工作					
［8］推动建筑工人职业鉴定工作					

4. 请判断以下各因素对提升建筑业农民工内在驱动力的重要性

其中：1-非常不重要 2-不重要 3-不确定 4-很重要 5-非常重要

题项	1	2	3	4	5
［1］掌握必要的职业技能					
［2］结合岗位学习操作技能					
［3］自觉学习、提高文化素养完善建筑工人职业提升通道					
［4］提升社会文明素养，增强融入城市生活的能力					
［5］适当承担部分培训费用					

5. 请判断以下各因素对提升社会力量驱动力的重要性：

其中：1-非常不重要 2-不重要 3-不确定 4-很重要 5-非常重要

题项	1	2	3	4	5
［1］鼓励各类培训机构和组织积极参与建筑业劳动力用工与就业市场体系建设					
［2］建立和完善"校企互动"的师资培养模式和兼职培训教师的管理体制					
［3］激励社会资本积极参与建筑培训工作					
［4］扩大建筑产业工人职业培训全覆盖面					

6. 请根据您的经验综合判断，当采取涉及上述各项因素的改革措施后，

下述愿景所能实现的程度，请输入 0 到 100 的数字。

　　[1] 建筑业农民工具有很强的职业技能

　　[2] 建筑业农民工具备很高的职业道德

　　[3] 建筑业农民工具有和城市市民一样的社会通识、社会公共道德意识及法制观念

　　[4] 建筑业农民工很快适应城市生活的习性和行为规范

　　[5] 建立系统化的建筑业农民工培训体系

基于种子萌发理论的建筑业农民工培训系统研究

附录四　建筑业工人岗位胜任力访谈

　　师傅您好，这是一份关于现阶段建筑业工人岗位胜任情况的调研。本次调研为不记名问卷，调查结果也将严格保密，希望您能根据自身真实情况和想法独立填答，非常感谢您的支持和配合！

　　1. 请问您现在从事的工种是哪个？年龄？文化程度？工作年限？

　　2. 请问您是否知道所在岗位的主要任务和职责？

　　3. 请问您在工作中是否有遇到难以解决的问题？请尽量详细描述问题发生的背景，以及处理问题的过程？

　　4. 请问您在处理问题的过程中，有什么启发？对后续工作是否有帮助？

　　5. 请问您所从事的工种在实践中需要具备什么样的素质？

· 156 ·

致 谢

ACKNOWLEDGEMENT

论文行文至此，是读博以来一直祈盼的所到之处。曾经以为的激动、兴奋、泪流满面……却是一种淡淡的平静，或是即将毕业的大脑空白。或许，正如苏东坡先生《定风波》之后感慨的一样："回首向来萧瑟处，归去，也无风雨也无晴"。回首读博路，一路艰辛，一路彷徨，一路收获。感谢这一路上的诸多良师益友，是他们的启迪和帮助，让我顺利地完成博士论文，遇见成长中的自己。

衷心感谢我的指导老师张维麟教授、任宏教授。张老师、任老师治学严谨、精益求精，前瞻性的战略思维，灵活的思辨精神，乐观的生活态度，平易近人的品行，以身作则的行为风范，"耐劳苦，尚俭朴，勤学业，爱国家"的精神深刻地烙印在我的脑海中，是我终身学习的榜样。感谢老师们在学业上对我的悉心指导和鼓励。

衷心感谢叶堃晖教授、曾德珩教授、周滔教授。叶老师、曾老师、周老师百忙之中耐心地对我的论文提出宝贵的修改意见和启发性建议，一步步完善论文研究逻辑和行文规范，心中感激不尽，他们严谨求实的学术精神，是我在未来科研道路上学习的榜样。感谢申立银教授、向鹏成教授、蔡伟光副教授在论文写作过程中给予的指导和帮助。

衷心感谢调研单位重庆市住建厅、福建省住建厅、福建省建筑业协会、安徽省建筑业协会相关领导，在调研过程中给予的支持。感谢工作单位集美大学的领导和同事，在我读博阶段给予的支持和帮助。感谢高景鑫博士在论文写作阶段给予的启发，感谢马先睿博士、陈明曼博士、施庆伟博士、边靓博士、杜永杰博士、朱明磊博士、王霞博士、唐熙来博士、聂天翼博士等在论文写作过程中给予的支持和帮助，读博阶段有你们，回忆变得绘声绘色。感谢我的学生团队，钟燕玉、林翔、郑剑华、陈政鸿、杨正雨、黄锦森、李诗瑶、安玥霖、彭东勤等在调研过程中给予的帮助。

感谢爸妈的支持，让我在读博阶段免受经济上的困扰，为小家庭的成长遮风挡雨。感谢丈夫的一路支持，让我坚定了可以完成学业的信念。感谢公婆的理解和支持。感谢两个孩子每天的笑脸和淘气，让我在失落时可以转换心情，理解生活的意义所在。永远也不会忘记读博之初，一岁八个月的大宝抱住他乡求学归来的妈妈的肩膀久久不肯放手，孩子的每一声哭泣和呼唤都是我加速写作的助推器。特别感谢爷爷奶奶从小给予的厚爱，每当工作生活受挫时，想起你们总是能让我热泪盈眶地继续迎难而上。能让爷爷有生之年看到我博士毕业，一直是我的心愿和强大的动力。如今心愿实现，告慰奶奶，谢谢你们给予的爱护，唯有爱可以让人在一次次挫败、崩溃之后还能鼓起勇气走下去。

柯燕燕

2019 年 5 月于重庆